石油机械设备可靠性研究及应用

辛　华　著

石油工业出版社

内 容 提 要

本书简要介绍了可靠性基本概念、相关理论及常见模型；针对油田的设备详细介绍了预防性检测及维修方式；针对抽油杆、油管、抽油泵分别建立了 2p-Burr 分布模型、广义半正态分布 GHN 模型以及具有补偿政策的 3p-Burr 分布模型，采用差分进化算法、遗传算法、MH-MCMC 算法以及牛顿法求解三类模型的未知参数，并由蒙特卡罗仿真进行评估模拟，分别得到抽油杆、油管、抽油泵的寿命预测模型。

本书可作为从事工程可靠性研究的科研人员，以及油气田相关人员检测维修、进行设备可靠性分析的参考书，可供高等院校相关专业的教师和学生学习参考。

图书在版编目（CIP）数据

石油机械设备可靠性研究及应用/ 辛华著 . —北京：石油工业出版社，2021.5

ISBN 978-7-5183-4594-6

Ⅰ . ①石… Ⅱ . ①辛… Ⅲ . ①石油机械-机械设备-结构可靠性-研究 Ⅳ . ①TE9

中国版本图书馆 CIP 数据核字（2021）第 054498 号

出版发行：石油工业出版社
　　　　　（北京安定门外安华里 2 区 1 号　　100011）
　　　　　网　　址：www. petropub. com
　　　　　编辑部：(010) 64523583　图书营销中心：(010) 64523633
经　　销：全国新华书店
印　　刷：北京中石油彩色印刷有限责任公司

2021 年 5 月第 1 版　2021 年 5 月第 1 次印刷
787×1092 毫米　开本：1/16　印张：10.75
字数：150 千字

定价：60.00 元

前　言

　　产品的可靠性是衡量一个国家工业发展程度的重要度量，设备的可靠性是衡量一个企业发展状态的重要指标。美国在 20 世纪 60 年代由军方发布的 AGREE 报告中，第一次把可靠性作为一个工程专业，迄今已经发展出许多重要的理论和技术成果。由于可靠性工程起步较晚，在理论基础和技术手段上还有很大的发展空间，因此近几年呈现蓬勃发展的势头。

　　油田可靠性研究方面，主要是机采设备的剩余寿命及可靠性分析进行研究，目前主要集中在断裂力学的疲劳裂纹扩展剩余寿命研究和疲劳累积损伤理论的疲劳寿命的预测。对于抽油机杆管泵的可靠性分析，方法主要包括有限元分析、微分方程求解、实验模拟等，从力学角度出发研究较多，从现场数据出发研究较少。在现有的研究方法中，取得了很多重要的结果，当然也存在一些局限。

　　作者主要研究方向为油田设备的可靠性分析，积累了一些理论知识和实际经验，因此将部分成果转化为本书的主要内容。第 1 章主要介绍了可靠性的基本概念以及涉及的一些常用的模型分布。第 2 章则针对设备的维护补充了一些基本的维修检测方案。第 3 章基于逐步型 I 区间设限抽样，建立了 2pBurr-XII 分布抽油杆寿命预测模型，采用差分进化算法，确定了两参数的最大似然估计值。最后将模型扩展到 3pBurr-XII 分布模型。第 4 章基于混合设限抽样方案，建立了广义半正态 （Generalized Half Normal，GHN） 油管寿命预测模型，采用差分进化算法和遗传算法确定了油管广义半正态分布模型的参数估计值。最后将模型扩展到双截断广义半正态加速模型（Double-Truncated Generalized Half Normal，DTGHN）。第5章建立了具有担保补偿政策的贝叶斯方案的抽油泵寿命预测模型。采用牛顿-拉普森方法，粒子群算法和遗传算法来寻找贝叶斯模型参数的可靠性估计，最后将模型扩展到加速三参数 Burr-XII模型。

在本书编写过程中，得到了很多人的帮助和支持，在此对他们表示衷心感谢！感谢我的博士导师，厦门大学朱建平教授多年来的指导和教诲，平易近人的人格魅力对我影响深远；感谢我的博士导师，东北石油大学孙玉学教授，多少次懈怠的时候，您就会风趣说，"抓紧吧，我就要退休了。"让我在科研的道路上能继续坚持下去；感谢机械学院院长姜民政教授，感谢您对石油机械细致的讲解；感谢科研处的李玮教授，百忙之中审阅书稿；感谢同事刘成仕教授，无论是什么样的问题，都能给予我真诚解释和正确的引导；感谢数学与统计学院院长王玉学教授，副院长杨云峰教授，学生书记王业贤老师等的支持；感谢我的硕士学生刘志芳和刘婷婷协助校对本书；特别感谢台湾淡江大学蔡宗儒教授，让我敲开了可靠性的大门，一步一步地走了进来，开启了人生的另一个方向；感谢家人的支持和付出。

由于水平有限，不足和缺憾之处在所难免，感谢各界人士多提出宝贵意见。

辛华

2020 年 9 月

目　　录

第1章　可靠性模型及系统设置

1.1　基本函数

可靠性经典定义："产品在规定条件下、规定时间内，完成规定功能的能力"。是衡量系统在规定时间内实现功能的一种度量方法，通常包括广义可靠性和侠义可靠性两种概念[1]。广义可靠性是指产品在整个寿命周期内完成规定功能的能力。它包括狭义可靠性和维修性。狭义可靠性是指产品在规定时间内发生失效的难易程度；维修性是指可修复产品发生失效后在规定的时间内修复的难易程度。对不可修复的产品，只要求在使用过程中不易失效，即要求耐久性；对可修复的产品不仅要求在使用过程中不易发生故障，即无故障性，而且要求发生故障后容易维修，即维修性。

设元件的失效时间 T 的概率密度函数(probability density function)为 $f(t)$ ，对应的分布函数(cumulative distribution function)为 $F(t)$ ，有如下关系式：

$$F(t) = \int_0^t f(\xi)\,\mathrm{d}\xi \tag{1.1}$$

对于 n 个相同组件，在某一个试验条件下进行测试。在时间($t-\Delta t$, t)内，有 $n_1(t)$ 个组件失效、$n_2(t)$ 个组件正常工作，此时 $[n_1(t)+n_2(t)=n]$ 。可靠度表示正常工作的累计概率函数，在时刻 t ，可靠度 $R(t)$ 定义为：

$$R(t) = \frac{n_1(t)}{n_1(t) + n_2(t)} = \frac{n_1(t)}{n} \qquad (1.2)$$

换一种表达方式，时刻 t 的可靠度函数也可表示为：

$$R(t) = R \qquad (T > t) \qquad (1.3)$$

由于分布函数 $F(t)$ 是 $R(t)$ 的补集，那么式（1.3）可以表达为：

$$R(t) = 1 - F(t) = 1 - \int_0^t f(\xi) \, \mathrm{d}\xi \qquad (1.4)$$

将式（1.4）对 t 求导，可得到：

$$\frac{\mathrm{d}R(t)}{\mathrm{d}t} = -f(t) \qquad (1.5)$$

一个组件的可靠度函数表示其在时间 $[t_1, t_2]$ 内出现失效的概率：

$$\int_{t_2}^{t_1} f(t) \, \mathrm{d}t = R(t_1) - R(t_2) \qquad (1.6)$$

在 $[t_1, t_2]$ 区间内定义失效率：在此区间内发生失效的概率，并且在 t_1 之前失效没有发生，则失效率可以表示为：

$$失效率 = \frac{R(t_1) - R(t_2)}{(t_1 - t_2) R(t_1)} \qquad (1.7)$$

如果用 t 代替 t_1，用 $t+\Delta t$ 代替 t_2，那么式（1.7）可以定义为：

$$失效率 = \frac{R(t) - R(t + \Delta t)}{\Delta t R(t)} \qquad (1.8)$$

危险函数（Hazard Function）定义为当 Δt 趋近于 0 时失效率的极限。危险函数，也称为失效函数，可表示为：

$$h(t) = \lim_{\Delta t} \frac{R(t) - R(t_{t+\Delta t})}{\Delta t R(t)} = \frac{1}{R(t)} \left[-\frac{\mathrm{d}R(t)}{\mathrm{d}t} \right] \qquad (1.9)$$

即

$$h(t) = \frac{f(t)}{R(t)} \qquad (1.10)$$

1.2　常见分布

1.2.1　威布尔分布模型[2]

威布尔分布模型是一种非线性的模型，常用于失效率函数不随时间呈线性变化的情况，这种条件下的模型的概率密度函数为：

$$f(t) = \frac{\gamma}{\theta} \left(\frac{t}{\theta} \right)^{\gamma - 1} e^{-\left(\frac{t}{\theta} \right)^{\gamma}} \qquad t > 0 \qquad (1.11)$$

其中 θ 和 γ 是正数，分别称为特征寿命参数和分布形状参数。特别地，当 $\gamma = 1$ 的时候，$f(t)$ 转变成指数密度函数；当 $\gamma = 2$ 的时候，$f(t)$ 则转变成瑞利分布，如果 γ 选择合适的数值，威布尔概率密度函数与正态概率密度函数非常接近。Makino(1994)曾用平均失效率，把威布尔分布向正态分布逼近，两者相近时 $\gamma = 3.43927$。威布尔分布广泛用于可靠度的建模，威布尔分布函数为：

$$F(t) = 1 - e^{-\left(\frac{t}{\theta} \right)^{\gamma}} \qquad t > 0 \qquad (1.12)$$

生存函数为：

$$S(t) = e^{-\left(\frac{t}{\theta} \right)^{\gamma}} \qquad t > 0 \qquad (1.13)$$

失效率函数为：

$$h(t) = \frac{f(t)}{1 - F(t)} = \frac{\gamma}{\theta} \left(\frac{t}{\theta} \right)^{\gamma - 1} \qquad t > 0 \qquad (1.14)$$

当 $\gamma > 1$ 时，失效率单调上升，且无上界，可以描述浴盆形曲线的耗损区；当 $\gamma = 1$ 时，失效率变为常数；$\gamma < 1$ 时，失效率随时间递减。因此威布尔分布模型可以描述实际中的许多失效数据。威布尔分布的均值和方差分别为：

$$E(X) = \theta \Gamma \left(1 + \frac{1}{\gamma} \right) \qquad (1.15)$$

$$\text{Var}(X) = \theta^2 \left\{ \Gamma \left(1 + \frac{1}{\gamma} \right) - \left[\Gamma (1 + \frac{1}{\gamma}) \right]^2 \right\} \tag{1.16}$$

这里 $\Gamma(n)$ 是伽马函数，其表达式为：

$$\Gamma(n) = \int_0^\infty x^{n-1} e^{-x} dx \tag{1.17}$$

$f(t)$、$F(t)$、$R(t)$ 和 $h(t)$ 的图像如图 1.1 至图 1.4 所示。

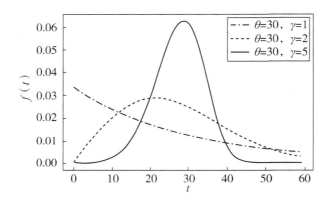

图 1.1　不同参数威布尔密度函数图

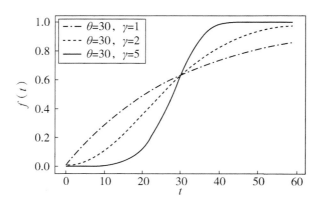

图 1.2　不同参数威布尔分布函数图

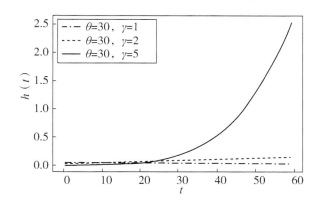

图 1.3　不同参数威布尔失效率函数图

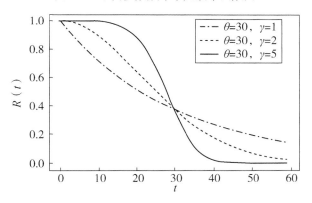

图 1.4　不同参数威布尔可靠度函数图

1.2.2　混合威布尔分布模型

混合威布尔分布模型适用于元件存在一种或者多种失效方式的情况。例如油田机械组件，可能由承重结构或磨损而失效，也可能因为施加了超过组件材料设计强度的应力而导致的失效。对于每一种失效，都可以采用不同参数的威布尔模型建模。由于组件或者工具可能以任意一种模式失效，因此混合威布尔模型更适合用来描述其失效率。概率密度函数为：

$$f(t) = P \frac{\gamma_1}{\theta_1} \left(\frac{t}{\theta_1}\right)^{\gamma_1 - 1} e^{-\left(\frac{t}{\theta_1}\right)^{\gamma_1}} + (1 - P) \frac{\gamma_2}{\theta_2} \left(\frac{t}{\theta_2}\right)^{\gamma_2 - 1} e^{-\left(\frac{t}{\theta_2}\right)^{\gamma_2}} \quad (1.18)$$

其中，θ_1，$\theta_2 > 0$。

权重 P 是元件以第一种方式失效的概率，$1-P$ 则是以第二种方式失效的概率。如果产品的失效模式多于两种，那么模型可以扩展到包含所有失效模式的概率，满足 $\sum_{i=1}^{n} P_i = 1$，其中 P_i 表示产品以第 i 种方式失效的概率，n 表示失效方式的总和。

Kao(1959)计算推导出，当灾难性失效发生的概率等于磨损失效的概率时，时间 t_e 满足

$$1 - e^{-\left(\frac{t_e}{\theta_1}\right)^{\gamma_1}} = 1 - e^{-\left(\frac{t_e}{\theta_2}\right)^{\gamma_2}} \tag{1.19}$$

可以得出：

$$t_e = \left(\frac{\theta_2^{\gamma_2}}{\theta_1^{\gamma_1}}\right)^{\frac{1}{\gamma_1-\gamma_2}} = \exp\left(\frac{\gamma_2 \ln \theta_2 - \gamma_1 \ln \theta_1}{\gamma_2 - \gamma_1}\right) \tag{1.20}$$

混合威布尔模型的可靠度表达式为：

$$R(t) = 1 - P\left[1 - e^{-\left(\frac{t}{\theta_1}\right)^{\gamma_1}}\right] - (1 - P)\left[1 - e^{-\left(\frac{t}{\theta_2}\right)^{\gamma_2}}\right] \tag{1.21}$$

显然，如果第二种失效模型模式在第一种失效模型模式出现一段时间 δ 后出现，那么式(1.18)和式(1.21)可改写为：

$$f_d(t) = P \frac{\gamma_1}{\theta_1}\left(\frac{t}{\theta_1}\right)^{\gamma_1-1} e^{-\left(\frac{t}{\theta_1}\right)^{\gamma_1}} + (1 - P)\frac{\gamma_2}{\theta_2}\left(\frac{t-\delta}{\theta_2}\right)^{\gamma_2-1} e^{-\left(\frac{t}{\theta_2}\right)^{\gamma_2}}$$

$$\tag{1.22}$$

$$R_d(t) = 1 - P\left[1 - e^{-\left(\frac{t}{\theta_1}\right)^{\gamma_1}}\right] - (1 - P)\left[1 - e^{-\left(\frac{t-\delta}{\theta_2}\right)^{\gamma_2}}\right] \tag{1.23}$$

其中，下标 d 表示延迟。

1.2.3 指数模型

指数模型也称为极值分布模型，与威布尔分布模型关系密切，它适用于失效率函数初始是常数然后随时间迅速上升的情况。该分布用于描述产品或器件在正常使用条件下工作稳定，但在遇到极端条件时

可由次要因素引起的失效。因此更瞩目的是失效分布的尾部状况。其失效率函数、概率密度函数和可靠度函数分别为：

$$h(t) = \beta \, e^{\alpha t} \tag{1.24}$$

$$f(t) = \beta \, e^{\alpha t} \, e^{-\frac{\beta}{\alpha}(e^{\alpha t - 1})} \tag{1.25}$$

$$R(t) = e^{-\frac{\beta}{\alpha}(e^{\alpha t - 1})} \tag{1.26}$$

这里 β 是常数，e^{α} 表明单位时间内失效率的增长。式（1.25）给出的 $f(t)$ 也称为 Gompertz 分布。油田系统中的一些机械元件在施加高应力的情况下会呈现这种失效分布。对于 α 和 β 取不同的值时 $f(t)$、$F(t)$、$R(t)$ 和 $h(t)$ 的图像如图 1.5 至图 1.8 所示。

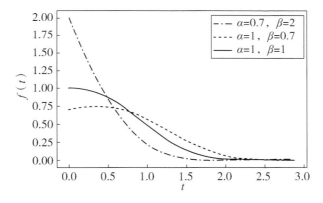

图 1.5　不同参数指数密度函数图

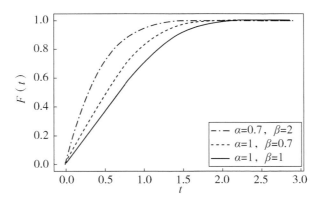

图 1.6　不同参数指数分布函数图

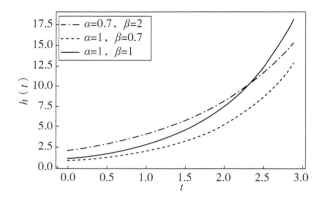

图 1.7　不同参数指数失效率函数图

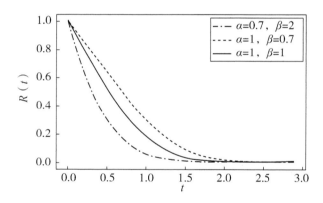

图 1.8　不同参数指数可靠度函数图

1.2.4　正态分布模型

在实际生产中，很多元件的失效时间是服从正态分布。常见的疲劳试验，会呈现出正态分布的失效率。和其他连续的概率分布不同，正态分布的可靠度函数和失效率函数都没有封闭表达式。元件寿命的概率密度函数为：

$$f(t) = \frac{1}{\sqrt{2\pi}\sigma}\exp\left[-\frac{(t-\mu)^2}{2\sigma^2}\right] \qquad (1.27)$$

分布函数为：

$$F(t) = \frac{1}{\sqrt{2\pi}\,\sigma} \int_{-\infty}^{t} \exp\left[-\frac{(t-\mu)^2}{2\,\sigma^2} \right] \mathrm{d}t \qquad (1.28)$$

可靠度函数为：

$$R(t) = 1 - F(t) \qquad (1.29)$$

这里，μ 和 σ 是分布的均值和标准偏差。当 $\mu = 0$ 和 $\sigma = 1$ 时，称为标准正态分布，标准正态分布的概率密度函数是：

$$\varphi(t) = \frac{1}{\sqrt{2\pi}} \exp\left(-\frac{t^2}{2} \right) \qquad (1.30)$$

分布函数为：

$$\Phi(t) = \frac{1}{\sqrt{2\pi}} \int_{-\infty}^{t} \exp\left(-\frac{t^2}{2} \right) \mathrm{d}t \qquad (1.31)$$

当一个元件的失效时间 T 服从均值为 μ、标准差为 σ 的正态分布时，可通过转换成标准正态获得。

$$P(T \leqslant t) = P\left(\frac{T-\mu}{\sigma} \leqslant \frac{t-\mu}{\sigma} \right) = \Phi\left(\frac{t-\mu}{\sigma} \right) \qquad (1.32)$$

正态分布的失效率函数 $h(t)$ 为：

$$h(t) = \frac{f(t)}{R(t)} = \frac{\varphi\left(\dfrac{t-\mu}{\sigma} \right)}{R(t)\,\sigma} \qquad (1.33)$$

对失效率函数 $h(t)$ 求导数可以证明，正态分布的失效率函数是随时间单调递增的。$\mu = 30$ 时，$f(t)$、$F(t)$、$R(t)$ 和 $h(t)$ 的图像如图 1.9 至图 1.12 所示。

1.2.5　对数正态分布模型

如果定义随机变量 X，如果 $\ln X$ 服服从均值为 μ、标准差为 σ 的正态分布。那么 X 服从对数正态分布，该分布经常被用于描述单个半导体失效机理以及股票的长期收益，或者描述一组密切相关失效机理的

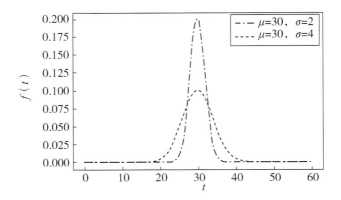

图 1.9 不同参数正态密度函数图

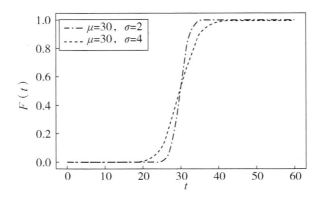

图 1.10 不同参数正态分布函数图

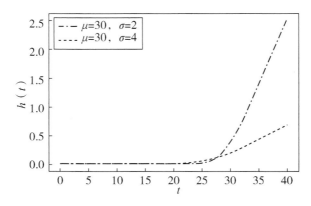

图 1.11 不同参数正态失效率函数图

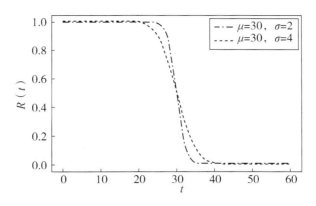

图 1.12 不同参数正态可靠度函数图

分布。也用于加速寿命试验数据预测可靠度。对数正态分布的概率密
度函数为：

$$f(t) = \frac{1}{\sigma t \sqrt{2\pi}} \exp\left[-\frac{1}{2}\left(\frac{\ln t - \mu}{\sigma}\right)^2\right] \qquad \sigma > 0 \qquad (1.34)$$

分布函数为：

$$F(t) = P(T < t) = \Phi\left(z \leqslant \frac{\ln t - \mu}{\sigma}\right) \qquad (1.35)$$

可靠度函数为：

$$R(t) = P(T > t) = \Phi\left(z > \frac{\ln t - \mu}{\sigma}\right) \qquad (1.36)$$

失效率函数为：

$$h(t) = \frac{f(t)}{R(t)} = \frac{\varphi\left(\dfrac{\ln t - \mu}{\sigma}\right)}{t\sigma R(t)} \qquad (1.37)$$

因为 $T = e^X$，对数正态分布的均值可以由正态分布推导出。对数正态分
布的均值为：

$$E(T) = \exp\left(\mu + \frac{\sigma^2}{2}\right) \qquad (1.38)$$

对数正态分布的方差为：

$$\mathrm{Var}(T) = (\mathrm{e}^{2\mu + \sigma^2})(\mathrm{e}^{\sigma^2} - 1) \qquad (1.39)$$

对于 μ 和 σ 取不同的值时，$f(t)$、$F(t)$、$R(t)$ 和 $h(t)$ 的图像如图 1.13 至图 1.16 所示。

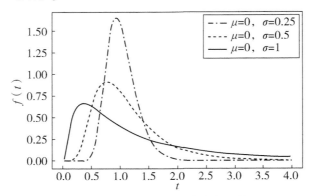

图 1.13 不同参数对数正态密度函数图

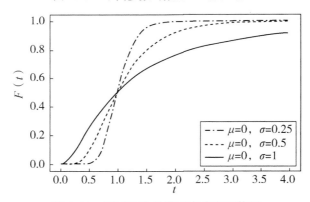

图 1.14 不同参数对数正态分布函数图

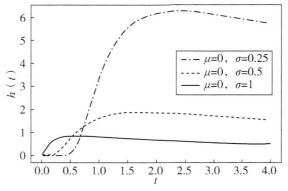

图 1.15 不同参数对数正态失效率函数图

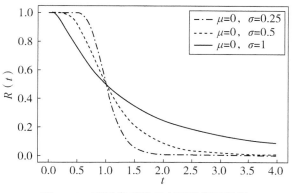

图 1.16　不同参对数正态可靠度函数图

1.2.6　伽马分布模型

伽马分布通常用来表示较大范围的失效率函数，适用于描述器件失效分为 n 个阶段，或者一个系统有 n 个独立的子元件的情况。失效函数包括减失效率函数、常数失效率函数及增失效率函数。伽马分布由两个参数决定：形状参数 γ 和尺度参数 θ。当 $0<\gamma<1$ 时，失效率在时间 0 到正无穷上从无穷大单调递降至 $1/\theta$。当 $\gamma>1$ 时，失效率从 0 单调递增至无穷大。当 $\gamma=1$ 时，失效率恒等于 $1/\theta$。

伽马分布的概率密度函数为：

$$f(t) = \frac{t^{\gamma-1}}{\theta^{\gamma}\Gamma(\gamma)}\,\mathrm{e}^{-\frac{t}{\theta}} \tag{1.40}$$

$\gamma>1$ 时，密度函数在 $t=\theta(\gamma-1)$ 时刻有一个极大值。

分布函数 $F(t)$ 为：

$$F(t) = \int_{0}^{t} \frac{\tau^{\gamma-1}}{\theta^{\gamma}\Gamma(\gamma)}\,\mathrm{e}^{-\frac{\tau}{\theta}}\mathrm{d}\tau \tag{1.41}$$

令 $\tau/\theta=\mu$，得到：

$$F(t) = \frac{1}{\Gamma(\gamma)}\int_{0}^{\tau/\theta} \mu^{\gamma-1}\,\mathrm{e}^{-\mu}\mathrm{d}\mu \tag{1.42}$$

$I\left(\dfrac{t}{\theta},\ \gamma\right)$ 称为不完全伽马函数，可靠度函数为：

$$R(t) = \int_t^\infty \frac{\tau^{\gamma-1}}{\theta^\gamma \Gamma(\gamma)} \, e^{-\frac{\tau}{\theta}} d\tau \qquad (1.43)$$

当形状参数 γ 为整数 n 时，伽马分布变为著名的 Erlang 分布。这种情况下，分布函数可改写为：

$$F(t) = 1 - e^{-\frac{t}{\theta}} \sum_{k=0}^{n-1} \frac{(t/\theta)^k}{k!} \qquad (1.44)$$

可靠度函数为：

$$R(t) = e^{-\frac{t}{\theta}} \sum_{k=0}^{n-1} \frac{(t/\theta)^k}{k!} \qquad (1.45)$$

当形状参数 γ 为整数 n 时，可以用式(1.45)将式(1.40)分解得：

$$h(t) = \frac{\frac{1}{\theta}\left(\frac{t^{n-1}}{\theta}\right)}{(n-1)! \sum_{k=0}^{n-1} \frac{(t/\theta)^k}{k!}} \qquad (1.46)$$

伽马分布的均值为 $E(T) = \gamma\theta$，方差为 $Var(T) = \gamma\theta^2$。图 1.17 至 1.20 给出了 γ 不同取值、$\theta = 10$ 时伽马分布的 $f(t)$、$F(t)$、$R(t)$ 和 $h(t)$ 的变化情况。

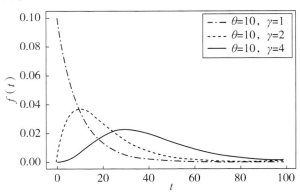

图 1.17　不同参数伽马密度函数图

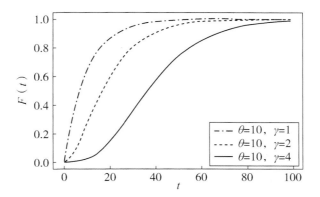

图 1.18　不同参数伽马分布函数图

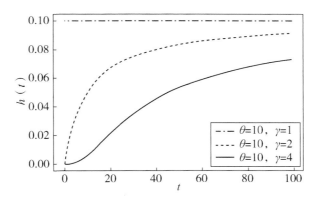

图 1.19　不同参数伽马失效率函数图

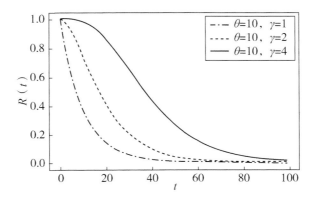

图 1.20　不同参数伽马可靠度函数图

1.2.7　Log-logistic 分布

设 $T>0$ 是某系统失效时间的随机变量，t 表示其中的一个时刻。用 $Y=\lg T$ 表示失效时间的对数。设 $Y=\alpha+\sigma W$，则关于 W 的 logistic 分布的概率密度函数为：

$$f(W) = \frac{e^W}{(1 + e^W)^2} \tag{1.47}$$

logistic 密度函数是对称的，其均值为 0，方差为 $\frac{2\pi}{3}$，尾部比正态分布密度函数稍低。失效时间 t 的概率密度函数为：

$$f(t) = \lambda P (\lambda t)^{P-1} [1 + (\lambda t)^P]^{-2} \tag{1.48}$$

其中，$\lambda = e-\alpha$，$p = \frac{1}{\sigma}$。

Log-logistic 分布模型的可靠度函数和失效率函数为：

$$R(t) = \frac{1}{1 + (\lambda t)^P} \tag{1.49}$$

$$h(t) = \frac{\lambda P (\lambda t)^{P-1}}{1 + (\lambda t)^P} \tag{1.50}$$

这个模型和威布尔分布模型及指数分布模型有相同的特点，它们的 $R(t)$ 和 $h(t)$ 表达式都很简单。

用式（1.50）作图，可以看出，失效率函数在 $P \leqslant 1$ 时单调递减。当 $P>1$，失效率函数从 0 开始递增，在 $t=(P-1)^{\frac{1}{P}}$ 处取极大值，然后随时间递减。图 1.21 至图 1.24 给出了当 P 变化、$\lambda = 20$ 时，$f(t)$、$F(t)$、$R(t)$ 和 $h(t)$ 的变化情况。

1.2.8　贝塔分布模型

前面所讨论的失效率函数模型都是从零到正无穷的非负函数。在

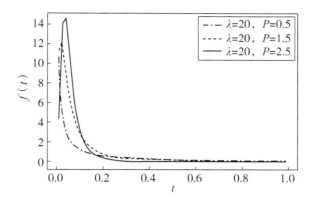

图 1.21　不同参数 Log-logistic 密度函数图

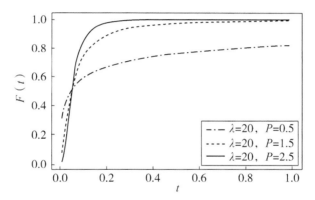

图 1.22　不同参数 Log-logistic 分布函数图

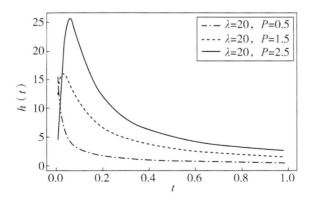

图 1.23　不同参数 Log-logistic 失效率函数图

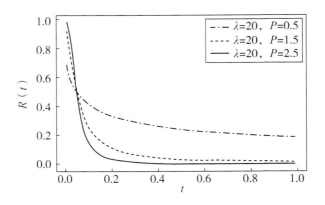

图 1.24　不同参数 Log-logistic 可靠度图

实际问题当中，一些产品或组件的寿命可能是限制在一个时间段中的。贝塔模型最适合描述产品在(0，1)区间内的可靠度。两个参数可以灵活地描述上述失效率的特性。贝塔模型的概率密度函数的标准形式为：

$$f(t) = \begin{cases} \dfrac{\Gamma(\alpha + \beta)}{\Gamma(\alpha)\,\Gamma(\beta)}\, t^{\alpha-1}\,(1-t)^{\beta-1} & 0 < t < 1 \\ 0 & \text{其他} \end{cases} \quad (1.51)$$

其中，参数 α 和 β 是正数，因此：

$$\int_0^1 t^{\alpha-1}\,(1-t)^{\beta-1}\mathrm{d}t = \frac{\Gamma(\alpha)\,\Gamma(\beta)}{\Gamma(\alpha+\beta)} \quad (1.52)$$

当 α 和 β 是正整数，用二项式展开的方法可以得到 $F(t)$，进而得到 $h(t)$。$F(t)$ 是关于 t 的多项式，t 的阶数在一般情况下是从 0 到 $\alpha+\beta-1$ 的正实数。贝塔分布的均值和方差分别为：

$$\mathrm{E}(T) = \frac{\alpha}{\alpha + \beta} \quad (1.53)$$

对数正态分布的方差为：

$$\mathrm{Var}(T) = \frac{\alpha\beta}{(\alpha + \beta)^2(\alpha + \beta + 1)} \quad (1.54)$$

1.2.9 逆高斯分布模型

逆高斯分布用于早期失效发生率较高的情况。失效率先递增后递减并最终趋于一个非零值。从图形上看，逆高斯分布适用于描述浴盆曲线的前两个阶段。同样，逆高斯分布也适用于加速寿命试验和首发故障时间这两种早期失效的情况。由于从自然规律基础上证明对数正态分布是十分困难的。Cox 和 Miller 通过物理中布朗运动和高斯过程对逆高斯分布应用于寿命试验和寿命现象研究起了很大的推动作用。

逆高斯分布有两个参数 μ 和 λ。其概率密度函数为：

$$f(t,\ \mu,\ \lambda) = \sqrt{\frac{\lambda}{2\pi\,t^3}} \exp\left[-\frac{\lambda\,(t-\mu)^2}{2\,\mu^2 t}\right] \qquad t>0 \qquad (1.55)$$

其中，λ 和 μ 为正数，分别称为分布的均值参数和形状参数。方差为 $\dfrac{\mu^3}{\lambda}$，概率密度函数为单峰且是倾斜的。可靠度函数 $R(t)$ 和失效率函数 $h(t)$ 分别为：

$$R(t) = \Phi\left[\sqrt{\frac{\lambda}{t}}\left(1-\frac{t}{\mu}\right)\right] - e^{\frac{2\lambda}{\mu}}\Phi\left[-\sqrt{\frac{\lambda}{t}}\left(1+\frac{t}{\mu}\right)\right] \qquad (1.56)$$

$$h(t) = \frac{\sqrt{\dfrac{\lambda}{2\pi\,t^3}}\exp\left[-\dfrac{\lambda\,(t-\mu)^2}{2\,\mu^2 t}\right]}{\Phi\left[\sqrt{\dfrac{\lambda}{t}}\left(1-\dfrac{t}{\mu}\right)\right] - e^{\frac{2\lambda}{\mu}}\Phi\left[-\sqrt{\dfrac{\lambda}{t}}\left(1+\dfrac{t}{\mu}\right)\right]} \qquad (1.57)$$

其中，Φ 表示标准正态分布的分布函数。

如图 1.25~图 1.28 所示，失效率不是对所有的 μ 和 λ 都是单调的。但是，对某些参数值，失效率有可能是单调的。值得注意的是，对数正态分布的失效率是趋于零的，但逆高斯分布的 $h(t)$ 趋于一个非零的值。失效率趋势先上升后下降在实践中并不常见，通常希望找出失效率的最大值，来判断系统在最坏条件下性能及失效发生时间。$h(t)$ 的最大值可以通过 $\lg h(t)$ 对 t 求微分得到，如下式所示。

$$\frac{\mathrm{d}}{\mathrm{d}t}\lg h(t) = \frac{\mathrm{d}}{\mathrm{d}t}\lg f(t) + \frac{f(t)}{R(t)} = -\frac{\lambda}{2\mu^2} - \frac{3}{2t} + \frac{\lambda}{2t^2} + h(t) \qquad (1.58)$$

令式(1.58)等于零，可求出 t^* 时刻 $h(t)$ 的最大值。图 1.25 至图 1.28 给出了 μ 和 λ 取不同取值时逆高斯分布的 $f(t)$、$F(t)$、$R(t)$ 和 $h(t)$ 的变化情况。

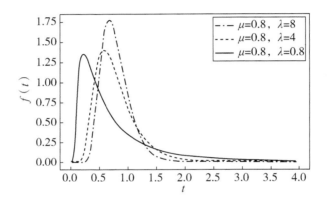

图 1.25　不同参数逆高斯密度函数图

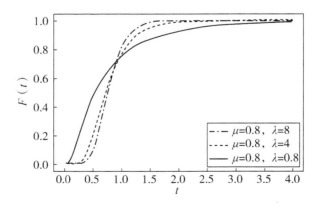

图 1.26　不同参数逆高斯分布函数图

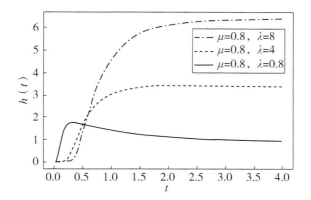

图 1.27　不同参数逆高斯失效率函数图

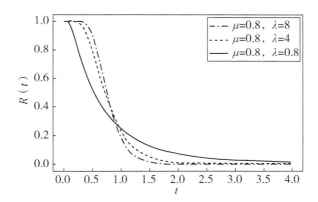

图 1.28　不同参数逆高斯可靠度函数图

1.2.10　Frechet 分布模型

Frechet 分布是唯一定义在非负实数上的分布，这个分布是明确关于随机变量最大值的极限分布。令 $\{x_i: 1 \leqslant i \leqslant n\}$ 为随机变量特征的集合，相互独立且同分布。设数据的最大值 $M_n = \max\{x_i: 1 \leqslant i \leqslant n\}$；最小值 $m_n = \min\{x_i: 1 \leqslant i \leqslant n\}$，在所有非退化极限分布中，只有关于 M_n 的 Frechet 分布和关于 m_n 的威布尔分布是集中在非负实数上的，这对可靠度的应用研究是非常有意义的。两参数的 Frechet 分布的概率密度函数为：

$$f(t) = \frac{\gamma}{\theta}\left(\frac{t}{\theta}\right)^{-(\gamma+1)} e^{-\left(\frac{t}{\theta}\right)^{-\gamma}} \qquad t \geqslant 0,\ \gamma > 0,\ \theta > 0 \quad (1.59)$$

其失效率函数 $h(t)$ 为：

$$h(t) = \frac{\frac{\gamma}{\theta}\left(\frac{t}{\theta}\right)^{-(\gamma+1)} e^{-\left(\frac{t}{\theta}\right)^{-\gamma}}}{1 - e^{-\left(\frac{t}{\theta}\right)^{-\gamma}}} \qquad t \geqslant 0,\ \gamma > 0,\ \theta > 0 \quad (1.60)$$

其中，θ 和 γ 是正数，分别称为分布的特征尺度函数和形状参数。

Frechet 分布的函数 $F(t)$ 和可靠度函数 $R(t)$ 分别为：

$$F(t) = e^{-\left(\frac{t}{\theta}\right)^{-\gamma}} \qquad t > 0 \qquad (1.61)$$

$$R(t) = 1 - e^{-\left(\frac{t}{\theta}\right)^{-\gamma}} \qquad t > 0 \qquad (1.62)$$

式(1.61)也被称为逆威布尔分布的累积分布函数。式(1.60)为 Frechet 分布的失效率函数，是非单调的。它首先呈递增趋势，至最大后递减，且最大值是唯一的。与逆高斯分布类似，Frechet 分布不能很好地描述传统组件或系统模型的失效率。但是，它一般用于为非金属颗粒杂质尺寸模型，用以判断金属的坚硬程度和洁净度等力学特征，也用于为网络系统的突发事件，如大文件、流量突然增加等建模。Frechet 分布的均值、方差为：

$$E[T] = \theta\Gamma\left(1 - \frac{1}{\gamma}\right) \qquad (1.63)$$

$$Var[T] = \theta^2\left[\Gamma\left(1 - \frac{2}{\gamma}\right) - \Gamma^2\left(1 - \frac{1}{\gamma}\right)\right] \qquad (1.64)$$

对于 θ 和 λ 取不同的值时，$f(t)$、$F(t)$、$R(t)$ 和 $h(t)$ 的图像如图 1.29 至图 1.32 所示。

1.2.11 Birnbaum-Saunders 分布

当失效率先随时间上升，到达一个极大值后随时间下降，失效率呈现单峰状态。Birnbaum-Saunders 于 1969 年提出，当器件承受疲劳

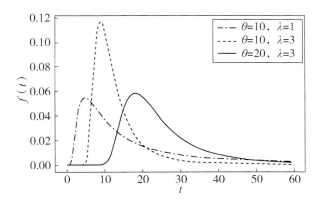

图 1.29　不同参数 Frechet 密度函数图

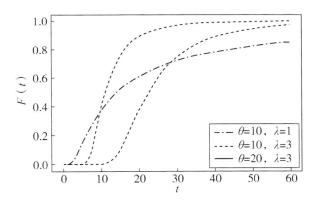

图 1.30　不同参数 Frechet 分布函数图

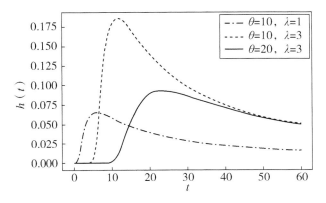

图 1.31　不同参数 Frechet 失效率函数图

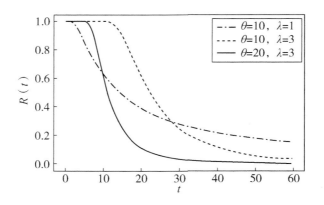

图 1.32 不同参数 Frechet 可靠度函数图

应力时，裂缝长度达到预先设定的阈值时器件失效。假设第 j 个疲劳循环使裂缝长度增加了 x_j 个单位长度，经过 n 个疲劳循环后，累积增长的裂缝长度为 $\sum_{j=1}^{n} x_j$，这一累积长度服从均值为 $n\mu$，方差为 $n\sigma^2$ 的正态分布。裂缝不超过关键长度 ω 的概率为：

$$\Phi\left(\frac{\omega - n\mu}{\sigma\sqrt{n}}\right) = \Phi\left(\frac{\omega}{\sigma\sqrt{n}} - \frac{\mu\sqrt{n}}{\sigma}\right) \tag{1.65}$$

假设裂缝长度超过 ω 时，器件失效，时间为 T（表示时间或疲劳循环数）。器件在时刻 t 的可靠度为：

$$R(t) = P(T < t) \approx 1 - \Phi\left(\frac{\omega}{\sigma\sqrt{t}} - \frac{\mu\sqrt{t}}{\sigma}\right) = \Phi\left(\frac{\mu\sqrt{t}}{\sigma} - \frac{\omega}{\sigma\sqrt{t}}\right) \tag{1.66}$$

作替换 $\eta = \dfrac{\omega}{\mu}$，$\alpha = \dfrac{\sigma}{\sqrt{\omega\mu}}$，式（1.66）可改写为：

$$R(t) = 1 - \Phi\left[\frac{1}{\alpha}\left(\sqrt{\frac{t}{\eta}} - \sqrt{\frac{\eta}{t}}\right)\right] \tag{1.67}$$

其中，$\Phi(\cdot)$ 是标准正态分布的累积分布函数，α 和 η 分别是形状参数和尺度参数。密度函数为：

$$f(t, \ \alpha, \ \eta) = \frac{1}{2 \ \sqrt{2\pi} \alpha \eta} \left[\sqrt{\frac{\eta}{t}} + \left(\frac{\eta}{t} \right)^{3/2} \right] \exp \left[- \frac{1}{2 \ \alpha^2} \left(\frac{t}{\eta} + \frac{\eta}{t} - 2 \right) \right]$$

$$（1. 68）$$

失效率函数 $h(t)$ 可通过式（1.68）和式（1.67）相除得到。$h(t)$ 没有解析式，但是可以估计出每一点的数值。Birnbaum-Saunders 分布适用于具有自愈能力的材料或系统的建模，这种产品的失效率开始会上升，在产品工作一段时间后，失效率达到最大值，继而在缓慢的下降。期望和方差分别为：

$$\mathrm{E}[T] = \eta \left(1 + \frac{\alpha^2}{2} \right) \qquad （1. 69）$$

$$\mathrm{Var}[T] = (\alpha \eta)^2 \left(1 + \frac{5 \ \alpha^2}{4} \right) \qquad （1. 70）$$

图 1.33 至图 1.36 给出了 α 和 β 取不同取值时 Birnbaum-Saunders 分布的 $f(t)$、$F(t)$、$R(t)$ 和 $h(t)$ 的变化情况。

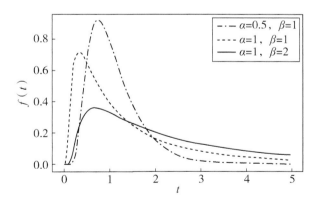

图 1.33　不同参数 Birnbaum-Saunders 密度函数图

1.2.12　Burr 分布

Dr. I. W. Burr 是研究两个参数伯尔分布的先驱，在 1942 年提出的 Burr-XII 分布，给出了 Burr-XII 分布的具体表达式。Burr-XII 分布的应用

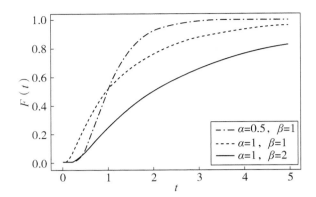

图 1.34　不同参数 Birnbaum–Saunders 分布函数图

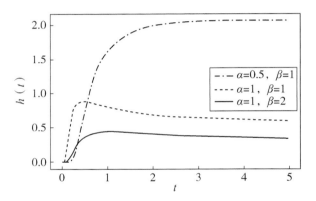

图 1.35　不同参数 Birnbaum–Saunders 失效率函数图

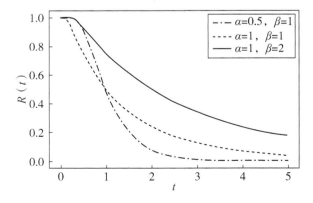

图 1.36　不同参数 Birnbaum–Saunders 可靠度函数图

获得更多的关注是在 1980 年比例参数被 Tadikamala 引入之后，从而 Burr-XII分布被广泛关注和研究，并大量应用于工程和工业领域。两伯尔XII分布的概率密度函数：

$$f(t \mid c, k) = ck\, t^{c-1}\,(1+t^c)^{-k-1} \qquad t,\ c,\ k > 0 \qquad (1.71)$$

分布函数：

$$F(t \mid c, k) = 1 - (1+t^c)^{-k} \qquad t,\ c,\ k > 0 \qquad (1.72)$$

可靠度函数：

$$S(t \mid c, k) = (1+t^c)^{-k} \qquad t,\ c,\ k > 0 \qquad (1.73)$$

失效率函数：

$$h(t \mid c, k) = ck\, t^{c-1}(1+t^c)^{-1} \qquad t,\ c,\ k > 0 \qquad (1.74)$$

在这里 c 是内部参数，k 是外部形状参数。

三参数 Burr-XII包括很多广泛的应用分布极限的情况，以及它们重叠的情况，例如指数分布、伽马分布、对数正态分布、对数罗吉斯分布、钟形分布、J 形贝塔分布等。因为有两个形状和一个规模参数 Burr-XII可以适合广泛的工业数据。除此之外 Burr-XII分布可以包含更宽泛的偏度和峰度，因此 Burr-XII分布在很多各种领域中均有应用。

对于实际的应用，由于 3pBurr-XII分布包含三个参数，因此包含很多优点，同时也导致一个问题，获得参数分布的最大似然估计非常困难。

带有参数 $\theta = (c, k, \alpha)$ 的 3pBurr-XII分布概率密度函数和分布函数分别定义为：

$$f(t \mid \theta) = \frac{ck}{\alpha}\left(\frac{t}{\alpha}\right)^{c-1}\left[1+\left(\frac{t}{\alpha}\right)^c\right]^{-(k+1)} \qquad c,\ k,\ \alpha,\ t > 0 \ (1.75)$$

和

$$F(t \mid \theta) = 1 - \left[1+\left(\frac{t}{\alpha}\right)^c\right]^{-k} \qquad c,\ k,\ \alpha,\ t > 0 \qquad (1.76)$$

在这里 c 是内部参数，k 是外部参数，α 是规模比例参数。

如果 3pBurr-XII 分布的密度函数是 L 形的，并且单峰的。生存函数和失效率函数分别为：

$$S(t \mid \theta) = \left[1 + \left(\frac{t}{\alpha} \right)^c \right]^{-k} \tag{1.77}$$

和

$$h(t \mid \theta) = \frac{ck}{\alpha} \left(\frac{t}{\alpha} \right)^{c-1} \left[1 + \left(\frac{t}{\alpha} \right)^c \right]^{-1} \tag{1.78}$$

3pBurr-XII 分布的期望是：

$$\mathrm{E}(T) = \frac{\alpha}{c} B\left(\frac{1}{c}, \ k - \frac{1}{c} \right) \tag{1.79}$$

3pBurr-XII 分布的方差是：

$$\mathrm{Var}(T) = \frac{2\alpha^2}{c} B\left(\frac{2}{c}, \ k - \frac{2}{c} \right) - \frac{\alpha^2}{c^2} B\left(\frac{1}{c}, \ k - \frac{1}{c} \right)^2 \tag{1.80}$$

在这里 $B(a, \ b) = \int_0^1 t^{a-1}(1-t)^{b-1}\mathrm{d}t$ 是贝塔分布。传统上，c、k 和 α 可以通过最大似然估计法求解。图 1.37 至图 1.40 给出了 c、k 和 α 取不同取值时 3pBurr-XII 分布的 $f(t)$、$F(t)$、$R(t)$ 和 $h(t)$ 的变化情况。

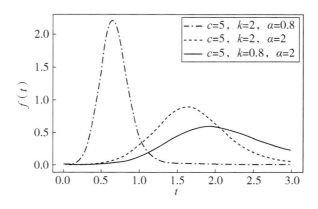

图 1.37　不同参数 Burr 密度函数图

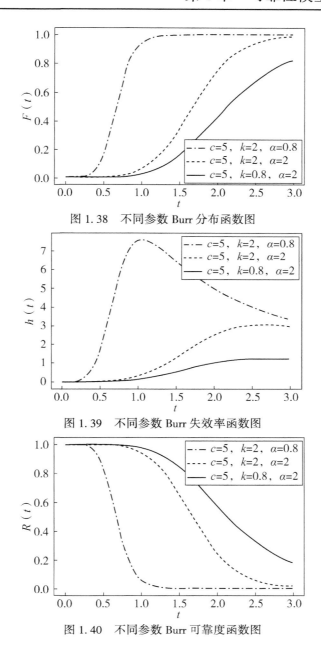

图 1.38　不同参数 Burr 分布函数图

图 1.39　不同参数 Burr 失效率函数图

图 1.40　不同参数 Burr 可靠度函数图

1.2.13　广义半正态分布模型(GHN)

2008 年 K. Cooray 和 M. M. A. Ananda 第一次提出广义半正态分布,

该分布基于磨损影响元件寿命，因此被广泛应用于工程中模拟带有磨损性质的寿命预测模型，符合油田机械的疲劳工作的实际情况。广义半正态的概率密度函数为：

$$f(t；\ \alpha,\ \beta) = \sqrt{\frac{2}{\pi}}\left(\frac{\alpha}{t}\right)\left(\frac{t}{\beta}\right)^{\alpha}\exp\left[-\frac{1}{2}\left(\frac{t}{\beta}\right)^{2\alpha}\right]$$

$$t > 0,\ \alpha > 0,\ \theta > 0 \tag{1.81}$$

在这里 α 为形状参数，β 为大小因子。将式（1.81）执行参数转换，通过 $\theta = \beta^{-2\alpha}$，可以获得：

$$f(t；\ \alpha,\ \theta) = \sqrt{\frac{2}{\pi}}\alpha\ \sqrt{\theta}\ t^{\alpha-1}\exp\left(-\frac{1}{2}\theta\ t^{2\alpha}\right)$$

$$t > 0,\ \alpha > 0,\ \theta > 0 \tag{1.82}$$

累计分布函数如下：

$$F(t；\ \alpha,\ \theta) = 2\Phi(\sqrt{\theta}\ t^{\alpha}) - 1 = 1 - 2\Phi(-\sqrt{\theta}\ t^{\alpha})$$

$$t > 0,\ \alpha > 0,\ \theta > 0 \tag{1.83}$$

GHN 分布的可靠度函数可被获得：

$$S(t；\ \alpha,\ \theta) = 1 - F(t；\ \alpha,\ \theta) = 2[1 - \Phi(\sqrt{\theta}\ t^{\alpha})] = 2\Phi(-\sqrt{\theta}\ t^{\alpha})$$

$$\tag{1.84}$$

图 1.41 至图 1.44 给出了 α 和 θ 取不同取值时 GHN 分布的 $f(t)$、$F(t)$、$R(t)$ 和 $h(t)$ 的变化情况。

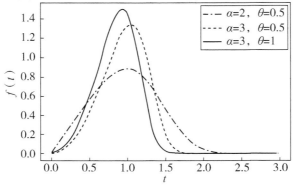

图 1.41 不同参数 GHN 密度函数图

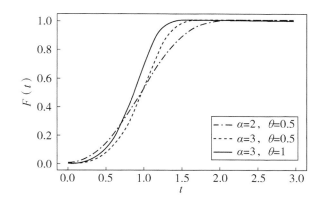

图 1.42　不同参数 GHN 分布函数图

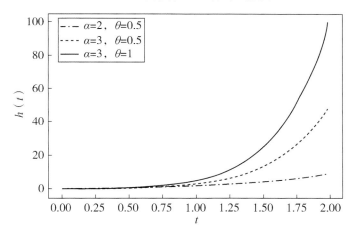

图 1.43　不同参数 GHN 失效率函数图

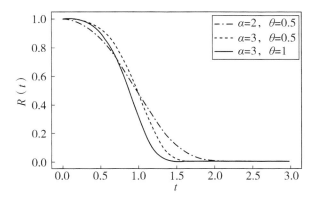

图 1.44　不同参数 GHN 可靠度函数图

1.3 串并联系统

1.3.1 串联系统

串联系统是由 n 个组件或子系统构成，任何组件的失效都会导致整个系统失败[3]（图 1.45）。为了评估一个串联系统的可靠性，假设该系统每个组件的合理运行概率在评估该系统时已知。对以下参数进行假设：

x_i = 第 i 个单元处于运行状态；

$\bar{x}_i$ = 第 i 个单元处于失效状态；

$P(x_i)$ = 第 i 个单元正在运行的概率；

$P(\bar{x}_i)$ = 第 i 个单元失效的概率；

R = 系统的可靠度；

P_f = 系统的不可靠度（ $P_f = 1 - R$ ）。

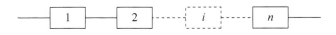

图 1.45 串联系统示意图

由于由 n 个组件构成的系统，要求所有单元都必须正常运行，所以系统的可靠度可以表示为：

$$R = P(x_1 x_2 \cdots x_n) \tag{1.85}$$

或者

$$R = P(x_1) P(x_2/x_1) P(x_3/x_1 x_2) P(x_n/x_1 x_{2\ldots} x_{n-1}) \tag{1.86}$$

当所有组件相互独立的时候，有：

$$R = P(x_1) P(x_2) \cdots P(x_n) \tag{1.87}$$

一个串联系统的可靠性通常会低于组件的最低可靠度。

1.3.2 并联系统

在一个并连系统中，一条或某几条的通路
的失效不影响剩下的通路正常运行。概括来
说，并联系统的可靠度就是任何一条通路正常
运转的概率（图1.46）。所以系统的可靠度可
以表示为：

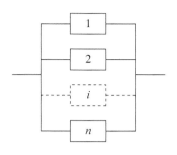

图1.46 并联系统示意图

$$R = P(x_1 \cup x_2 \cup \cdots \cup x_n) \tag{1.88}$$

或者

$$R = [P(x_1) + P(x_2) + \cdots + P(x_n)] - [P(x_1 x_2) + P(x_1 x_3) + \cdots$$
$$+ P_{i \neq j}(x_i x_j)] + \cdots + [-1]^{n-1} P(x_1 x_2 \cdots x_n) \tag{1.89}$$

当所有组件相互独立的时候，有：

$$R = 1 - P(\bar{x}_1) P(\bar{x}_2) \cdots P(\bar{x}_n) \tag{1.90}$$

如果组件都是相同的，参数 P 表示一个组件正常工作的概率，则系统
的可靠度为

$$R = 1 - (1 - P)^n \tag{1.91}$$

1.3.3 并-串联系统

在实际运行当中，很多系统是串联和并联混合的子系统组成（图
1.47）。一个基本的并-串联系统由 m 条并联通路组成，每条通路含有
n 个组件串联。$P(x_i)$ 表示位于通路 $i (i=1, 2, \cdots, m)$ 中组件 j
$(j=1, 2, \cdots, n)$ 的可靠度，x_{ij} 表示通路 i 中的元件 j 运行的状态，路
径 i 的可靠度可表示为：

$$P_i = \prod_{j=1}^{n} P(x_{ij}) \qquad i = 1, 2, \cdots, m; j = 1, 2, \cdots, n \tag{1.92}$$

通路 i 的不可靠度为 $\bar{P}_i$，则整个系统的可靠度为：

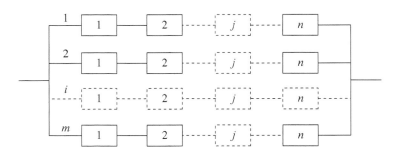

图 1.47　并–串联系统示意图

$$R = 1 - \prod_{i=1}^{m} \left[1 - \prod_{j=1}^{n} P(x_{ij}) \right] \qquad (1.93)$$

如果组件都是相同的，参数 P 表示一个组件正常工作的概率，则系统的可靠度为：

$$R = 1 - (1 - P^n)^m \qquad (1.94)$$

1.3.4　串–并联系统

一个串–并联系统由 m 个子系统串联通路组成，每个子系统含有 n 个组件并行联接（图 1.48）。x_{ij} 表示子系统 $i(i=1,2,\cdots,m)$ 中组件 j $(j=1,2,\cdots,n)$ 的运行状态，$P(x_{ij})$ 表示子系统 $i(i=1,2,\cdots,m)$ 中组件 $j(j=1,2,\cdots,n)$ 的正常运行的概率，系统可靠度可表示为：

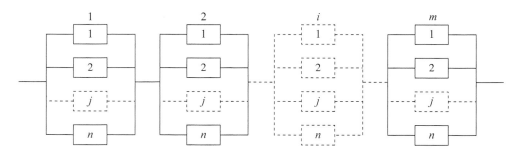

图 1.48　串–并联系统示意图

$$R = \prod_{i=1}^{m} \left[1 - \prod_{j=1}^{n} P(x_{ij}) \right] \qquad (1.95)$$

如果组件都是相同的,参数 P 表示一个组件正常工作的概率,则系统的可靠度为:

$$R = \left[1 - (1 - P)^n \right]^m \qquad (1.96)$$

1.3.5 混合并联系统

混合并联系统指单元没有特定的结构形式,不是以单纯的串联或者并联的方式链接的,而是各种错综复杂的混合链接方式,具体的可靠度根据链接模式计算。

1.4 传统测试法

传统的寿命测试方式包括设限测试法(censoring method)、截断测试法(truncated method)及加速寿命法(accelerated life test)等测试方法。现在大量的产品的寿命都具有高的可靠性,在给定预算下,在能担负得起的时间内的生命测试中,产品寿命数据的收集是困难的。为了节省测试的时间和花费,设限方案被广泛地应用于寿命测试。一般主要的设限寿命测量方法有三种类型:第一类型为时间设限,简称型Ⅰ设限;第二类型为失效设限,简称型Ⅱ设限;第三种为时间设限的变形,简称为区间设限,也就是只有在固定的时间点去检查受测产品,并计算产品失效的个数,以失效的个数组合成资料集。其他常见的设限方法还有逐步移除法,也就是将仍然存活的受测产品从测试实验中移除,以便于观察到比较长寿命的产品寿命资讯放入资料集中以推论产品的可靠度。型Ⅰ设限是关于时间设限,在这里生命测试被终止在预定的时间,设为 T,一些样本在 T 时仍然存活。存活寿命超过 T 叫右设限。型Ⅱ设限是关于失效设限,在这里当固定数量为 r 时,失效时间被收集，生命测试被终止。一些样本在t_r时仍然存活。

1.4.1　型 I 设限测试法

假设有 n 个试验个体从试验起始点 t_0 开始接受寿命测试，并于事先设定的终止时间 T 停止试验。设失效个数为 m，失效的产品寿命记为 $x_{1:n} \leqslant x_{2:n} \leqslant \cdots \leqslant x_{m:n}$，尚存活的个体寿命因时间设限条件无法精确量测，只知道其寿命超过试验停止时间 $\{X > T\}$。由于试验停止时无法确定有多少个组件失效，此时，失效的个数为随机变量，这一类型的数据为时间设限数据，又称作型 I 设限数据，此种搜集数据的方法又称型 I 设限测试法。

由于型 I 设限是在设定的实验停止时间到达时即停止实验，所以实验前无法详细知道每个测试组件的寿命有没有超过设定的停止时间，为了方便方程式的表达，令 $t_i = \min(X_i, t)$，当 $X_i < t$ 时取 $\delta_i = 1$，否则取 $\delta_i = 0$，此时 x_i 的概率密度函数可以表示成 $f(x_i \mid \theta) = [f(t_i \mid \theta)]^{\delta_i} [S(t \mid \theta)]^{1-\delta_i}$，其中 $S(t \mid \theta) = 1 - F(t \mid \theta)$ 表示存活函数，最大概似函数可表示为：

$$L(\theta) = \prod_{i=1}^{n} f(x_i \mid \theta) = \prod_{i=1}^{n} [f(t_i \mid \theta)]^{\delta_i} [S(t \mid \theta)]^{1-\delta_i} \qquad (1.97)$$

1.4.2　型 II 设限测试法

先默认希望观测到的失效产品个数，假设寿命试验前工程师希望从 n 个测试个体观测到 m 个失效个体的寿命数据，所有个体均从试验起始点t_0开始接受寿命测试，并将失效个体的寿命记为$x_{1:n} \leqslant x_{2:n} \leqslant \cdots \leqslant x_{m:n}$。因为不确定最后一个失效个体的失效时间，所以试验的停止时间$x_{m:n}$为随机变数，当试验停止时，尚存活的个体寿命因失效个数设限，从而无法精确量测，只能确定其寿命超过试验停止时间$\{X >$

$x_{m:n}\}$。这一类型的数据为失效设限数据，又称为型Ⅱ设限数据，此种搜集数据的方法又称型Ⅱ设限测试法。

由于确定变量 $x_{1:n} \leqslant x_{2:n} \leqslant \cdots \leqslant x_{m:n}$ 皆可以观察得到，所以使用观察到的变量为基础形成的最大似然函数可表示为：

$$L(\theta) = \frac{n!}{(n-m)!} f(x_{1:n} \mid \theta) f(x_{2:n} \mid \theta) \cdots f(x_{m:n} \mid \theta) \left[S(x_{m:n}) \right]^{n-m}$$

（1.98）

1.4.3　逐步设限测试法

不论是型Ⅰ设限或者型Ⅱ设限方法，都只能观测到受测个体中最短的寿命数据集，如果希望在试验中观测到较长寿命的个体真正寿命，将仍然存活的个体自试验中移除，就有其必要。在某些情况下将仍然存活的个体从试验中移除可能是非特意的，例如，在灯泡寿命试验中，可能在测量中不小心将灯泡打破，造成非故意的移除。因此，将尚且存活的个体自寿命试验中移除，某些时候有其必要性。此时的移除设限试验方法同样地可以分成时间设限及失效设限两种。

（1）逐步型Ⅰ及逐步型Ⅱ设限测试法。

假设有 n 个试验个体从试验起始点 t_0 开始接受寿命测试，当观测到第 i 个受测个体失效时，同时移除 R_i 个尚存活的试验个体，并将观测到的个体寿命记为 $x_{i:m:n}$，其中 m 表示观测到失效个体之总次数，$i = 1, 2, \cdots, m-1$，$R_m = n - m - \sum_{i=1}^{m-1} R_i$。由于有存活的个体从试验中移除，所以 $x_{i:m:n}$ 不一定是真正的顺序统计量。当停止试验的设限条件为时间设限时，称所收集到的数据为逐步移除型Ⅰ设限数据，其中这种搜集数据的方法又称为逐步型Ⅰ设限测试法。如果停止试验的设限条件为失效个数设限时，称所收集到的资料为逐步移除型Ⅱ设限数据，这种搜集数据的方法又称为逐步型Ⅱ设限测试法。

（2）逐步型Ⅰ区间设限测试法（图1.49）。

在逐步型Ⅰ设限测试法中，工程师可能基于工作方便的考虑，或者是量测时间的限制，仅于特定的时间点t_1，t_2，…，t_m上分别统计时间区间$(t_{i-1}, t_i]$（$i = 1$，2，…，m）内的失效的测试个体次数，并将失效个数记为y_1, y_2，…，y_{m-1}及$y_m = n - \sum_{i=1}^{m-1} y_i$。由于只在特定的时间点观测特定区间内的失效个数，受测产品的失效时间无法明确得知，所搜集到的失效个数可以使用多项分布为数据的附带模型，其区间内失效的概率为$P_i = F_T(t_i) - F_T(t_{i-1})$（$i = 1$，$2$，…，$m$），其中$F_T(t_i) = F_T(t_i | R_1, \cdots, R_m)$为给定移除个数下随机变数$T$在时间点$t_i$的累积分布函数，这类型搜集到的数据称为逐步型Ⅰ区间设限数据，这种搜集数据的方法又称为逐步型Ⅰ区间设限测试法。

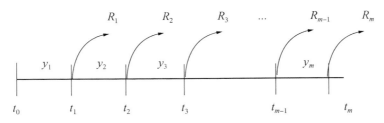

图1.49　逐步型Ⅰ区间设限测试法

大多数实验者偏于型Ⅰ设限方案，由于固定的试验时间这一优点，在型Ⅱ设限中，试验时间是随机的。在型Ⅰ设限方案中，实验者可以在非交叉的区间段上，在区间时间的末端计算失效数量，这种设限方案叫做区间型Ⅰ设限方案。区间型Ⅰ设限方案对于操作是容易的，但是实验者不能获得样品精确的失效时间，只能用每一个时间段上样品的失效数量做可靠性推断。

1.5　加速寿命试验（ALT）

加速寿命试验的主要做法是提高产品受测的应力，现今的高可靠度产品设计得太过精良，多数的高可靠度产品，有时候在正常工作下很难失效。解决此问题一种可行的方法是在制造商可接受的测试时间内，收集受测产品在较高应力下观测到的产品衰退测量资料集，根据资料集使用随机过程方法或其他广义线性模型方法建立模型，预测产品的平均寿命，或者寿命的分位量，这种方法称为加速衰退测试法。

加速寿命试验（ALT）是基于如下假设：受试品在短时间、高应力作用下表现出的特性与产品在长时间、低应力作用下表现出来的特性是一致的。为了缩短试验时间，采用加速应力。加速寿命试验只对元器件、材料和工艺方法进行，用于确定元器件、材料及生产工艺的寿命。其目的不是暴露缺陷，而是识别及量化在使用寿命末期导致产品损耗的失效及其失效机理。有时产品的寿命很长，为了给出产品的寿命期，加速寿命试验必须进行足够长的时间。

在很多情况下，加速寿命试验是评价产品是否达到高可靠、长寿命需求的唯一方法。加速寿命试验有三种不同方法：第一种是在受试产品的正常工作条件下增大受试产品的使用频率，这种方法适用于每天在固定时间段内使用的产品，如家用电器或汽车轮胎；第二种是将受试产品放置在比正常条件下更加严酷的条件中工作以加速失效；第三种是针对受试产品的某种退化机理如弹簧刚度的退化、金属的腐蚀、机械元件的磨损施加加速应力，这种方法即为退化试验（ADT）。

针对试验中搜集到的可靠性数据，建立产品的可靠性模型，基于统计或物理的推断方法，预测产品在正常工作条件下的可靠性。推断方法的准确程度对可靠性估计及系统配置、保障和预防性维修计划等决策有很大的影响。可靠性估计取决于两个因素：加速寿命试验的模型和试验设计。一个好的模型可以使得数据得到最佳拟合，从而给出正常应力条件下精确的估计结果。同样，一个好的试验设计，通过确定的应力加载方式、受试样本量的分配、应力水平数、最佳试验时间及其他因素，也可能提高可靠性估计的精确度。如果试验方案不佳，很可能导致花费大量的试验费用和大量的时间，又难以得到精确的试验结果。

1.5.1 加速寿命试验的应力施加方式

加速寿命试验通常将产品或元件安置在苛刻的工作环境下进行试验，称为加速应力方法；或者在正常工作下加大工作强度，称为加速失效的时间方法。加速失效的时间方法适合连续使用的产品或者元件。例如，将日工作 6h 的电灯泡在一年的工作状态等价于日工作 24h，连续使用 3 个月的工作状态，并以此方法来得到其失效时间分布。因此，如果不需要确定正常工作应力条件和加速工作应力条件之间的失效时间的分布关系，相比加速应力方法，加速失效时间（AFT）是首选的。前提是在失效时间能够被压缩时才可以被采用的。有些产品或元件即使持续工作仍然不能缩短试验时间的时候，只能通过施加比正常工作条件下更加苛刻的外力，例如温度、湿度、电压等，再通过模型还原正常工作下的工作状态。

1.5.2 应力类型

应力类型主要包括机械应力、电应力、环境应力以及综合应力。机械应力是在机械元件的加速试验中经常用到疲劳应力。疲劳是所有旋转机械部分失效的原因之一。当机械元件工作在高温环境下时，需要对其进行蠕变试验，试验需要在温度及动载或静载综合应力下进行。轴承、减振器、手机、轮胎等一系列产品需开展冲击试验，而机械应力包含上述应力的综合。磨损是另外一种机械活动元件失效的原因。根据受试元件的实际使用情况和工作条件可以开展加速试验。加速试验中采用的应力类型涵盖这些工作条件，应力水平则应该加大，以便快速而显著地观察到元件磨损。油田作业中元件失效的主要原因也是基于疲劳和磨损，即源于机械应力[5]。

　　电应力包括功率循环、电场强度、电流和电迁移。电场强度是最常见的电应力，它能够在相对短的时间内比其他应力引发更多的失效。由功率循环引起焊点温度变化导致的热力疲劳是电子元件器件失效的主要原因。环境应力通常指温度和热循环，选择合适的加速应力水平以保证失效机理与产品正常工作条件下的一致应力水平是十分重要的。湿度和温度同样重要，但是要引发的失效需要较长的试验时间才能暴露出来。

　　在实际应用中，产品常常会暴露在许多应力条件下，例如温度、湿度、电流、电场、各种冲击和腐蚀。因此对这类产品可同时施加多种应力以"模拟"真实条件中的多种应力条件，统称为综合应力。

第 2 章　预防性检测与维修

　　系统的可靠度在使用前，主要取决于结构设计、产品质量以及构成它的元件的可靠度三个方面。在使用过程中，一定程度上还取决于有效的维修和检测工作。尤其在油田作业当中，预防性检测和维修占据尤其重要的位置，是影响产油量及油田效益的重要因素。

　　本章重点阐述最优预防性维修、更换和检测计划的模型以及基于状态的维修的影响。高频率的更换和检测会增加维修的总费用但可以降低系统停机带来的成本；低频率的更换和检测会减少维修的费用却增加了系统停机带来的成本。所以，在故障时间分布的基础上可能存在一个最优的更换和检测频率。在某些情况下，系统的可用度是决定最优维修进度的标准。预防性维修可能隐含着最少的维修次数、更换次数或元件监测。也有一种情况，只能更换设备，例如油田中抽油杆断裂、抽油管等设备损坏。

2.1　最小费用模型

　　预防性维修和更换是对系统进行最少次数的维修最有效方法，迄今，大部分文献中的模型都是基于以下假设：

　　(1)故障维修的总费用多于与预防性维修相关的总费用，即系统发生故障后再进行修理的费用高于故障前维护系统的费用。

　　(2)系统的故障率函数是时间的不减函数。如果设备或系统的故障率是恒定的，那么任何预防性维修行为都是资源的浪费，因为若系统故障率恒定，在故障前更换设备并不影响设备在下一时刻故障的概率。

（3）最小维修并不改变系统的故障率。系统中的某些元件可能被新元件更换，但是相对系统的复杂性和其中重要元件的可靠性，使得这种小维修带来的影响微乎其微。

2.1.1　定时更换策略

定时更换策略（CIRP）是最简单的预防性维修与更换策略。这种策略主要采取两种方案：第一种方案是间隔固定的时间采取预防性的更换，这种行动不考虑被更换元件的寿命，只是在预定的时间更组件；第二种方案是故障更换，即更换故障的元件，也称为批量更换策略[6]。

PMRI 模型的目标是确定预防性维修策略、优化一些准则的参数。使用最广泛的准则是单位时间总预计更换费用，通过定义单位时间内总预计费用函数来实现。令单位时间总更换费用 $c(t_p)$ 为时间 t_p 的函数，时间间隔 0 至 t_p 内的总费用为 W，预计时间为 t^*，那么：

$$c(t_p) = \frac{W}{t^*} \qquad (2.1)$$

时间间隔 $(0, t_p]$ 内的总预计费用是故障更换的预计费用与预防性更换的预计费用的累加和。在时间段 $(0, t_p]$ 内，一次预防性更换的费用为 c_p，一次故障更换的费用为 c_f，假设在该时间段内更换的预计数量为 $M(t_p)$。该时间段的预计长度为 t_p，则式（2.1）可写为：

$$c(t_p) = \frac{c_p + c_f M(t_p)}{t_p} \qquad (2.2)$$

2.1.2　定寿更换策略

定时更换策略是元件从上一次预防性更换算起，固定时间间隔后更换，当然，这有可能导致在故障更换后很短时间内重复进行。如果元件的操作费用与时间独立，则单位时间的费用为一个周期总的预计更换费用比上预计周期长度。一个典型的周期，通常分两种情况：第一种情况是设备达到计划的预防性更换时间t_p；第二种情况是设备在计划的更换时间前故障。因此对于一个周期总的预计更换费用可以写成预防性更换的费用c_p与元件使用到计划更换寿命概率$R(t_p)$的乘积，加上故障更换费用c_f与元件在t_p前故障的概率$1-R(t_p)$的乘积，即：

$$c_p R(t_p) + c_f [1 - R(t_p)] \qquad (2.3)$$

预计周期长度可以通过以下方式得到：预防性维修周期的长度乘以预防性维修周期的概率，加上一个故障周期的预计长度与一个故障周期概率的乘积，即：

$$t_p R(t_p) + \frac{\int_{-\infty}^{t_p} tf(t)\,\mathrm{d}t}{1 - R(t_p)} \times [1 - R(t_p)] = t_p R(t_p) + \int_{-\infty}^{t_p} tf(t)\,\mathrm{d}t \qquad (2.4)$$

因此可得

$$c(t_p) = \frac{c_p R(t_p) + c_f [1 - R(t_p)]}{t_p R(t_p) + \int_{-\infty}^{t_p} tf(t)\,\mathrm{d}t} \qquad (2.5)$$

预防性更换周期长度的最优解可通过式（2.5）对t_p求偏导数后为零求得最优的预防性更换周期t_p^*。需要注意的是，当元件或组件的故障率恒定时，无论是预防性维修策略还是定寿更换策略都基于故障采取相对应的维修或更换。这两种策略的差别还包括机会寿命更换。在机会寿命更换里，其单元的更换条件是发生故障或达到预定寿命时，两者取先发生的。因此，预防性更换只可能发生在两种情况下：预防性维修的时间或更换一个更可靠单元的时间。假设这些情况的出现服从参数为α的泊松分布且与故障时间相互独立。由此可知，距离下一个预防性维修或更换机会的剩余时间 Y 服从均值为 $\dfrac{1}{\alpha}$ 的指数分布。根据式(2.1)计算出的每个周期的预计费用和预计周期长度，设 T^* 为故障时间，则每个周期的预计费用为：

$$c_p \mathrm{E}[P(T^* \geqslant t_p + Y)] + c_f \mathrm{E}[P(T^* < t_p + Y)]$$
$$= c_f - (c_f - c_p)\mathrm{E}[P(T^* > t_p + Y)] \qquad (2.6)$$

预计周期长度为：

$$E[\min(T^*,\ t_p + Y)] = \int_0^{t_p} R(t)\,\mathrm{d}t + \mathrm{E}[Y]\,\mathrm{E}[P(T^* > t_p + Y)]$$

$$(2.7)$$

由式(2.6)和式(2.7)可求得单位时间内的长期费用，由此可进一步得到 t_p 的最优解。

2.2　最小停机时间模型

上节讨论了模型可以确定单位时间总费用最小的最优预防性维修时间间隔。在油田中设备的可用度比修复或维修费用更为重要，设备停机所带来的损失可能无法度量，那么这时最小化单位时间内的停机时间就比最小化单位时间内的总费用更符合实际。

2.2.1　定时更换策略

定时更换策略是最简单的预防性维修和更换策略[8,9]。除了目标是最小化单位时间内的总停机时间外。在此策略下无论被更换设备的寿命是多少，更换行为都在预订的时间点进行。除此之外，若设备出现故障也可能进行更换。将单位时间总更换费用 $c(t_p)$ 改写为一个周期的总停机时间比上周期长度。此时单位时间总更换费用设为 $D(t_p)$，总停机时间为 T_p 等于因故障引起的停机时间加上因预防性更换引起的停机时间，即：

$$T_p = M(t_p) \times T_f + T_p \tag{2.8}$$

式中　T_f——进行故障更换的时间；

　　　T_p——进行预防性更换的时间；

　　　$M(t_p)$——$(0, t_p]$ 内期望故障数。

周期长度等于进行预防性维修的时间加上进行预防性更换周期的长度，即 $T_p + t_p$。因此，式(2.8)变为：

$$D(t_p) = \frac{M(t_p) \times T_f + T_p}{T_p + t_p} \tag{2.9}$$

2.2.2　定寿更换策略

在这种方案里，当设备故障或设备达到寿命 t_p 时进行预防性更换。此处该策略的目标是确定最优的预防性更换寿命 t_p 以使单位时间内的停机时间最小。单位时间总更换费用设为 $D(t_p)$，等于一个周期的总预计停机时间比上预计周长长度。一个周期内总预计停机时间等于由预防性更换引起的停机时间 T_p 乘以一次预防性更换的概率 $R(t_p)$，加上由故障周期引起的停机时间 T_f 乘以故障周期 $1-R(t_p)$ 的概率。单位时间总更换费用可表示为：

$$D(t_p) = \frac{T_p R(t_p) + T_f [1 - R(t_p)]}{(t_p + T_p) R(t_p) + \left[\int_{-\infty}^{t_p} t f(t) \, \mathrm{d}t + T_f \right] [1 - R(t_p)]} \tag{2.10}$$

费用最小化模型的适用条件同样可应用于停机时间最小化模型中。并且，用更换的时间约束代替费用约束，即执行故障更换的时间要多于执行预防性更换的时间，即 $T_f > T_p$。

2.3　最小维修模型

通过更换、修复或校正系统，使得系统恢复正常的工作，即实现了一次维修。这些对元件的更换、修复和校正通常只恢复整个系统的功能，但系统的故障率仍然和故障之前一样，这种类型的维修称为最小维修。由于复杂系统的故障率随时间增加，所以通过最小维修来维持系统运行的费用会越来越多。主要目标是更换整个系统的最佳时刻而不是进行最小维修。

最小维修模型通常假设系统的故障率函数递增且最小维修不影响故障率。和预防性更换模型类似，最小维修的费用 c_f 小于更换整个系统的费用 c_r。在寿命 t 时刻单位时间预计费用为：

$$c(t) = \frac{c_f M(t) + c_r}{t} \tag{2.11}$$

式中 $M(t)$ 是 $(0, t)$ 内最小维修的预计数量。这个模型类似于式（2.1）给出的预防性更换模型。考虑在式（2.11）的分子上增加校正的费用。在最小维修的费用和系统更换的费用中增加了在寿命为 ik 时 i 的校正费用 $c_a(ik)$（k 代表第 k 次最小维修）。这个模型更接近实际，因为校正费用 $c_a(ik)$ 可用来反映诸如周期性校正费用、资产折旧费用或利息费用等系统的实际运行费用。将校正费用包含到式（2.11）中可得：

$$c(t) = \frac{c_f M(t) + c_r + c_a^* [v(t)]}{t} \tag{2.12}$$

式中 $c_a^* [v(t)] = \sum_{i=0}^{v(t)} c_a(ik)$，是 $(0, t)$ 内校正的次数。这个模型可用来进一步修正最小维修以包含以下两部分：第一部分代表一个固定的费用或方案；第二部分代表一个可变的费用，这项费用取决于最近一次更换以来所进行的最小维修的次数，即 $c_f = a + bk$，其中 $a > 0$，$b \geqslant 0$，为常数。

绝大多数维修模型都假设维修将使得系统功能修复正常状态。也就是说，系统在每次故障后都被更新一次。当然这种假设在一些情况下是成立的，故障系统在维修后将继续工作并具有和故障时刻相同的故障率和有效寿命。显然，当一个机器的故障率随时间递增时，其维修后的工作时间将变得越来越短，即只有一个有限的工作时间。同样随着系统的老化，其维修时间也会变得越来越长并最终趋于无穷，系统将变得不可修。

2.4　周期性检测

为了更好地提高可靠度，预防性维修计划通常与周期性检测计划配合进行。在这些情况下，系统的状态由检测确定，通常包括最优检测策略和周期性检测与维修策略。

2.4.1　最优检测策略

最优检测策略是由设备的状态通过检测确定。例如，一台机器生产的产品质量可能不在可接受的控制范围内，表示机器本身的退化。当检测到故障或退化时，对机器进行维修或修复使得其在故障或退化到达临界值水平前回到其初始状态。假如没有检测出身背的故障或退化，就会产生与设备故障有关的不必要的费用，这种费用称为非检测费用。预防性检测的目标是确定一个最优的检测计划，使得检测、维修和非检测费用的单位时间总费用最小。

检测策略是在时间点 x_1，x_2 和 x_3 进行检测，直到发现设备故障或退化。在发现故障或退化后立刻进行维修。检测间隔不必相等但可能随着故障概率的增加而缩短。在此定义：c_i 为每次检测的检测费用；c_u 为未检测到的故障和退化所引起的单位时间费用；c_r 为一次维持的费用；T_r 为维修一次故障或退化所需的时间；$f(t)$ 为设备故障时间的概率密度函数。

单位时间预计总费用为：

$$c(x_1, \ x_2, \ x_3, \ \cdots) = \frac{E_c}{E_l} \tag{2.13}$$

式中 E_c 和 E_l 是对应于每个预计周期的费用和预计周期长度。假设设备的故障发生在任意两次检测之间。假如故障发生在 $0 \sim x_1$ 之间的时刻 t_1，那么周期费用为：

$$c_i(l) + c_u(x_1 - t_1) + c_r \tag{2.14}$$

该费用的期望值为：

$$\int_0^{x_1} [c_i(1) + c_u(x_1 - t) + c_r] f(t) \, \mathrm{d}t \tag{2.15}$$

同样地，假如故障发生在检测时间 $x_1 \sim x_2$ 之间，则费用的预计值为：

$$\int_{x_1}^{x_2} [c_i(2) + c_u(x_2 - t) + c_r] f(t) \, \mathrm{d}t \tag{2.16}$$

所以，每个周期的总预计费用为：

$$E_c = \int_0^{x_1} [c_i(0 + 1) + c_u(x_1 - t) + c_r] f(t) \, \mathrm{d}t \ +$$

$$\int_{x_1}^{x_2} [c_i(1 + 1) + c_u(x_2 - t) + c_r] f(t) \, \mathrm{d}t \ +$$

$$\int_{x_2}^{x_3} [c_i(2 + 1) + c_u(x_3 - t) + c_r] f(t) \, \mathrm{d}t + \cdots +$$

$$\int_{x_j}^{x_{j+1}} [c_i(j + 1) + c_u(x_{j+1} - t) + c_r] f(t) \, \mathrm{d}t + \cdots \tag{2.17}$$

式（2.17）可写为：

$$E_c = c_r + \sum_{k=0}^{\infty} \int_{x_k}^{x_{k+1}} [c_i(k + 1) + c_u(x_{k+1} - t)] f(t) \, \mathrm{d}t \tag{2.18}$$

与估计周期预计总费用方法相同，预计周期长度 E_l 为：

$$\int_0^{x_1} [t + (x_1 - t) + T_r] f(t) \, \mathrm{d}t + \cdots + \int_{x_1}^{x_2} [t + (x_2 - t) + T_r] f(t) \, \mathrm{d}t + \cdots +$$

$$\int_{x_j}^{x_{j+1}} [t + (x_{j+1} - t) + T_r] f(t) \, \mathrm{d}t + \cdots \tag{2.19}$$

即

$$E_l = \mu + T_r + \sum_{k=0}^{\infty} \int_{x_k}^{x_{k+1}} (x_{k+1} - t) f(t) \, dt \qquad (2.20)$$

式中 μ 是设备的故障前工作时间。

将式(2.17)和式(2.19)代入式(2.12)可得：

$$c(x_1, x_2, x_3, \cdots) = \frac{c_r + \sum_{k=0}^{\infty} \int_{x_k}^{x_{k+1}} [c_i(k+1) + c_u(x_{k+1} - t)] f(t) \, dt}{\mu + T_r + \sum_{k=0}^{\infty} \int_{x_k}^{x_{k+1}} (x_{k+1} - t) f(t) \, dt}$$

$$(2.21)$$

最优检测计划可通过式(2.20)对 x_1，x_2，x_3，…求导并令求导后的式子等于 0 后求解获得。

确定最优检测计划流程：

设剩余函数为

$$R(L; x_1, x_2, x_3, \cdots) = LE_l - E_c \qquad (2.22)$$

式中 L 代表最小费用 $c(x_1, x_2, x_3, \cdots)$ 的初始值或迭代之前所得值。使得 $R(L; x_1, x_2, x_3, \cdots)$ 最小的计划和使得 $c(x_1, x_2, x_3, \cdots)$ 最小的计划是相同的。

通过以下流程确定 x_1，x_2，x_3，…：

(1)选取一个 L 的值；

(2)选取一个 x_1 的值；

(3)用以下关系生成一个计划 x_1，x_2，x_3，…：

$$x_{i+1} = x_i + \frac{F(x_i) - F(x_{i-1})}{f(x_i)} - \frac{c_i}{c_u - L} \qquad (2.23)$$

(4)用式(2.21)计算 R；

(5)用不同的 x_1 值重复(2)~(4)步直到取得 R_{max}；

(6)用不同的 L 值重复(1)~(5)步直到 $R_{max} = 0$；

调整 L 值直到其与最小费用相同的过程可通过下式获得：

$$c(L;\ x_1,\ x_2,\ x_3,\ \cdots) = L - \frac{R_{\max}}{E_l} \qquad (2.24)$$

2.4.2 周期性检测

油田工作中对于减速箱、曲柄销和驴头等通常采用周期性检测结合预防性维修的方法。在所有这些情况下，检测是周期性地进行的。假如在检测期间没有检测到故障组件，在检测结束后出现故障将会导致一个非检测费用。频繁的检测会减少非检测费用但会增加检测的总费用。因此，需要设计一个检测计划：当检测到故障时使得预计费用最小，同时，假设检测到故障时要更换元件也应使该部分费用最少。

考虑一个通过周期性检测来确定是否需要进行维修或更换的系统，同时在需要的情况下对其提供预防性维修。假设在检测后，元件和检测之前寿命相同的概率为 p，和新的元件寿命相同的概率为 q。需要估计该单元件的故障前工作时间和故障前的预计检测次数，同时需要估计总预计费用和检测到故障时的单位时间预计费用，还需要寻求使预计费用最小的最优检测次数。

假设被检测的系统在 $t=0$ 时刻开始工作，在时刻 kT（$k=1,\ 2,\ \cdots$）进行检测，其中 $T>0$ 是提前确定好的。系统的累积故障时间分布函数 $F(t)$，其均值有限且为 μ。只能通过检测发现故障，和连续两次检测之间的时间长度相比检测的时间可以忽略。通过以下方式估计系统的平均故障前工作时间 $\gamma(T,\ p)$：

$$\gamma(T,\ p) = \sum_{k=0}^{\infty} \left\{ p^{j-1} \int_{(j-1)T}^{jT} t\mathrm{d}F(t) + p^{j-1} q\ \overline{F}(jT)\ [jT + \gamma(T,\ p)] \right\}$$

$$(2.25)$$

式中 $\overline{F}(t) = 1 - F(t)$。第一项代表到系统故障时第 $j-1$ 次和第 j 次检查后进行更新的平均时间，第二项代表当系统第 j 次检查后进行更新的平均时间，在这之后系统便故障。通过对式（2.24）进行求解可得：

$$\gamma(T,\ p) = \frac{\sum_{j=0}^{\infty} p^j \int_{jT}^{(j+1)T} \overline{F}(t)\, \mathrm{d}t}{\sum_{j=0}^{\infty} p^j \{\overline{F}(jT) - \overline{F}[(j+1)T]\}} \tag{2.26}$$

当 $p = 0$，则系统在每次检测后都如新，且有：

$$\gamma(T,\ 0) = \frac{\int_0^T \overline{F}(t)\, \mathrm{d}t}{F(t)} \tag{2.27}$$

当 $p = 1$，则系统在每次检测后寿命不变，则：

$$\gamma(T,\ 0) = \mu \tag{2.28}$$

根据式（2.24），故障前的预计检测次数 $M(T,\ p)$ 可通过式（2.29）获得：

$$M(t,\ p) = \frac{\sum_{j=0}^{\infty} p^j \overline{F}[(j+1)T]}{\sum_{j=0}^{\infty} p^j \{\overline{F}(jT) - \overline{F}[(j+1)T]\}} \tag{2.29}$$

当 $p = 0$ 时，有：

$$M(T,\ 0) = \frac{\overline{F}(t)}{F(t)} \tag{2.30}$$

当 $p = 1$ 时，有：

$$M(T,\ 1) = \int_{j=0}^{\infty} \overline{F}[(j+1)T] \tag{2.31}$$

假设 c_1 为每次检测的费用，c_2 为未检测到故障所造成的费用，即与单位时间故障间隔和故障检测相关的费用。检测到故障时的总费用 $c(T;\ p)$ 可通过式（2.32）表达：

$$c(T;\ p) = (c_1 + c_2 T) [M(T,\ p) + 1] - c_2 \gamma(T,\ p) \tag{2.32}$$

将式(2.25)和式(2.28)代入式(2.31)可得:

$$c(T;\ p) = \frac{(c_1 + c_2 T) \sum\limits_{j=0}^{\infty} p^j\, \overline{F}(jT) - c_2 \sum\limits_{j=0}^{\infty} p^j \int_{jT}^{(j+1)T} \overline{F}(t)\, \mathrm{d}t}{\sum\limits_{j=0}^{\infty} p^j \{\overline{F}(jT) - \overline{F}[(j+1)\,T]\}} \qquad (2.33)$$

从式(2.33)知, $\lim\limits_{T\to 0} c(T;\ p) = \lim\limits_{T\to\infty} c(T;\ p) = \infty$, 这表明存在一个有限的最优值 T^* 使得总预计费用 $c(T;\ p)$ 最小。由于 $M(T,\ p) \leqslant \dfrac{\gamma(T,\ p)}{T}$ $\leqslant [1 + M(T,\ p)]$, 因此:

$$c_1 \frac{\gamma(T,\ p)}{T} \leqslant c(T;\ p) \leqslant c_1 [1 + M(T,\ p)] \leqslant c_2 T \qquad (2.34)$$

利用式(2.33)可知, 当检测到故障时使单位时间预计费用最小的最优检测时间间隔 $c_{\mathrm{d}}(T;\ p)$。

$$c_{\mathrm{d}}(T;\ p) = \frac{(c_1 + c_2 T)[M(T,\ p) + 1] - c_2 \gamma(T,\ p)}{T[M(T,\ p) + 1]} \qquad (2.35)$$

即

$$c_{\mathrm{d}}(T;\ p) = \frac{c_1}{T} + c_2 \left[1 - \frac{\sum\limits_{j=0}^{\infty} p^j \int_{jT}^{(j+1)T} \overline{F}(t)\, \mathrm{d}t}{T \sum\limits_{j=0}^{\infty} p^j\, \overline{F}(jT)} \right] \qquad (2.36)$$

$c_{\mathrm{d}}(T;\ p)$ 的极限为 $\lim\limits_{T\to 0} c_{\mathrm{d}}(T;\ p) = \infty$ 且 $\lim\limits_{T\to\infty} c_{\mathrm{d}}(T;\ p) = c_2$。结合式(2.35)和一个给定的 T 值, 对递增型故障率而言预计费用 $c_{\mathrm{d}}(T;\ p)$ 是 p 的增函数。因此:

$$\frac{c_1 + c_2 \int_0^T F(t)\, \mathrm{d}t}{T} \leqslant c_{\mathrm{d}}(T;\ p) \leqslant \frac{(c_1 + c_2 T) \sum\limits_{j=0}^{\infty} \overline{F}(jT) - c_2 \mu}{T \sum\limits_{j=0}^{\infty} \overline{F}(jT)}$$

$$(2.37)$$

2.5 监测系统方式

用于诊断设备或系统状态的数据通常会包括噪声、温度、水平、速度、不均匀膨胀、振动、位置、可重复性等。多数传感器和监测设备都基于振动、声波、电信号、液压信号、气动信号、腐蚀、磨损、图像信号和运动结构。基于各个油田设备工作状态，本节主要给出一些常用的用于元件或系统监测的诊断系统。

(1)振动监测。

机器或设备在运行中会产生振动，每个机器都有一个由大量不同振幅构成的谐振特征振动信号，组件的磨损或故障对这些谐振信号产生的影响。例如，在往复式发动机和压缩机中，其推力来自协调气体产生的扭矩，它是机器运行的热力周期的函数。在一个多缸的发动机中，主要的谐振是通过每次运行的工作行程数确定的。设备的振动特征信号取决于速度、加速度、频率、振幅或振动波的斜率。没有任何一个简单的传感器具备绝对宽的谐振信号范围。因此，目前有针对不同频率、振幅、速度和加速度范围的传感器。轴承探针是一个位移测量设备，它只对低频率和大振幅的振动敏感，这使得它只适用于齿轮箱振动和涡轮叶片振动信号的测量。

(2)腐蚀监测。

腐蚀是许多金属元件的退化机理。显然，监测退化率——腐蚀量，对预测性维修安排和系统可用度有着重要的影响。目前有许多检测腐蚀的技术，如目测、超声波测厚检测、电化学噪声、阻抗测量及薄层激活。

(3)声波发射和声音识别。

声波发射可定义为材料在经历变形、断裂或变形的同时释放的瞬时弹性能。这些释放的能量会产生高频的声波信号。信号的强度取决于如变形率、受力材料的体积和施加应力的大小等参数，通常离信源几英尺远的传感器可以探测到。大多数声波发射传感器都是宽带设备或谐振压电设备。目前声波发射在工具磨损监测、材料疲劳和焊接缺陷检测等已经有许多应用。

声音识别是可用于探测一大批制造过程中异常状态的技术。声音识别系统通过应用声音识别技术识别包括稳态声音和冲击声音在内的多种工作声音，设备将提取声音信号特征并形成一种声音模式，这种声音模式将通过模式识别技术与标准模式进行对比，然后将其与正常工作声音进行比较和预计，最终选取出最相似的标准模式，进而识别和诊断属于该类别的故障。

（4）温度监测。

组件或设备温度的升高通常是存在潜在问题的信号。许多电动机的故障是由轴承阻碍摩擦产生过量的热造成的。轴承的寿命取决于它的预防性维修策略和工作环境。因此，温度变化的测量可有效地用于以预测性维修为目的的元件和设备监测。目前有大量可用于进行温度监测的设备：水银温度计能测量的温度范围为 $-35 \sim 900°F$；热电偶能准确地测量高达 $1400°F$ 的温度；光学测量高温计通过比较热源的辐射强度，能测量极高的温度（$1000 \sim 5000°F$）。

计算机技术的进步使得许多非接触红外温度测量成为可能。红外线在所有的辐射能中具有最短的波长且可以通过特殊测量仪器观测到。显然，来自物体的红外辐射强度是其表面温度的函数，因此当传感器测量物体表面温度时，计算机将计算其表面温度并提供一个表示其温度场的彩色分布图，这样的设备在监测控制器温度和探测管道的热损失方面非常实用。

（5）流体监测。

通过分析设备内的润滑油等流体，可以揭示设备性能和磨损方面的重要信息。流体监测技术还可用于预测设备元件的可靠度和剩余寿命。随着设备的运行磨损，被油覆盖的元件会产生微量的金属颗粒。由于它们的体积非常小，这些颗粒会暂留在油中且不会被油滤掉。颗粒的总量会随着元件的磨损而逐渐增加。目前识别油中颗粒数量与种类最常用的两种方法是原子吸收法和光谱发射法。

（6）其他诊断方法。

应用大量的传感器或微传感器来观测特征量，为后续的维修和更换提供可靠的技术指导已经成为油田工作的一种常用方式。机械元件和系统可通过测量速度、应力、角运动、振动脉冲、温度和载荷进行监测。也可以逐步通过观察压力、流体密度、流体流速和温度变化来监测气动和液压系统来进行监测。测量手段和传感器方面的技术进步使得可以对一些之前很难甚至不可能观察到的特征量进行观测，目前硅微传感器已经能模仿人类的视觉、触觉和听觉。

传感器精度的提高和成本的降低使得它们的应用越来越广泛。微型计算机、微处理器和传感器的发展使得预测性维修和更换领域受益良多。许多组件、系统和整机现在都能对各种干扰源和潜在故障进行连续监测。另外，在传统意义上只能离线进行的测量、分析和控制如今都能在线进行，这使得所监测的组件和系统的范围更加广阔。

第3章 基于型I设限条件下 2pBurr-XII 分布模型的抽油杆可靠性分析

3.1 某区块机采井抽油杆故障统计分析

我国已开发的油田大部分都进入中、高含水期的开采阶段，许多油井由原来的自喷式油井转为机械采油井，有些油井一开始产油时就为机采井。据有关方面报道，全国机采井已占油井总数的 90% 以上，而机采井中有杆泵采油方式又占 90% 以上，可见有杆泵采油方式在我国的原油开采中占据了重要地位。

在有杆抽油系统中，抽油杆是有杆泵采油系统中的主要部件之一，其作用是将地面抽油机输出的能量传递给井底的抽油泵和把井下的原油(实为油水混和液)提升到地面。它上经光杆连接抽油机，下接抽油泵的柱塞，由于其结构简单，操作方便，至今为止仍在绝大多数油井中使用。单根抽油杆一般长 8m，在采油时，根据采油井的深度不同，把若干根抽油杆连接成抽油杆柱。而油井深度通常都在千米以上，长期工作在腐蚀环境中以及受到各种应力的综合影响，在抽油杆杆柱中如果有一根抽油杆失效，那么就会使整个抽油杆不能正常工作。当抽油杆发生断裂后，需要进行打捞、更换抽油杆等井场作业，不仅影响油井的原油产量，而且还将增加油井作业费用，带来巨大的经济损失，使采油成本上升，严重的时候，还有可能造成人员伤亡。

根据大庆油田某区块 2013 年至 2018 年查井史和油井检泵作业记

录，针对不同驱油方式，分别对水驱、聚合物驱、三元复合驱抽油杆故障类型进行统计分析，计算出抽油杆断脱主要因素的百分比，为后续进行可靠性分析做出必要的数据分析支持。根据查井史资料和油井检泵作业记录，包含水驱抽油机作业 2309 井次，聚合物驱抽油机作业 1550 井次，三元驱抽油机作业 97 井次。根据作业记录，失效形式主要分为杆本体断失效及杆连接失效；杆本体失效主要分为集中应力和常规失效；杆连接失效主要分为接箍失效、脱扣失效以及外螺纹失效。

根据水驱、聚合物驱和三元复合驱的不同驱替方式[7]，对大庆某区块 6 年来由于抽油杆故障检泵的抽油机井作业数据进行整理，统计出每种失效方式的失效井数，每种失效方式的年平均失效次数，以及抽油杆不同失效形式占总体失效数的失效率。具体统计结果和计算结果见表 3.1 至表 3.3。

表 3-1 水驱抽油杆失效类型统计表

失效类型	失效井数（口）	年平均失效井数（口）	失效井占总井数比例（%）
杆本体断	1494	249	64.70
杆偏磨	284	47	12.30
外螺纹失效	15	3	0.65
脱扣	13	2	0.56
接箍失效	503	84	21.78

表 3-2 聚合物驱抽油杆失效类型统计表

失效类型	失效井数（口）	年平均失效井数（口）	失效井占总井数比例（%）
杆本体断	977	163	63.03
杆偏磨	292	49	18.84
外螺纹失效	10	2	0.65
脱扣	8	1	0.52
接箍失效	263	44	16.97

表 3-3　三元复合驱抽油杆失效类型统计表

失效类型	失效井数（口）	年平均失效井数（口）	失效井占总井数比例（%）
杆本体断	62	10	63.92
杆偏磨	14	2	14.43
脱扣	17	3	17.53
接箍失效	4	1	4.12

3.2　基于逐步回归型Ⅰ区间设限条件下 2pBurr-XII分布模型

3.2.1　差分进化算法

　　差分进化算法（Differential Evolution）由 Storn 和 Price 首次提出。主要用于求解实数优化问题。该算法主要是基于群体的自适应全局优化算法，隶属于智能演化算法的一种，因其具有结构简单、容易实现、收敛快速、鲁棒性等优点，被广泛应用在数据挖掘、模式识别、数字滤波器设计、人工神经网络等各个领域。其基本思想是：首先由父代个体间的变异操作构成变异个体；接着按一定的概率，父代个体与变异个体之间进行交叉操作，生成一试验个体；然后在父代个体与试验个体之间根据适应度的大小进行"贪婪"选择操作，保留较优者，进而实现种群的进化。

　　差分进化算法起源于遗传算法，基于种群进化的算法。通过对种群采取变异操作，交叉操作，选择操作进行反复迭代使得算法的解趋于全局最优解。变异算法是每种算法的个体都有其特有的新个体产生方式，利用差分这种变异操作来产生新的个体，借此来产生一个变异种群；交叉操作是对变异种群和原始种群进行交叉，从而得到交叉种群；选择操作是对原始种群和交叉种群，利用"贪婪"的选择操作方式来进行下一代种群的选取。

设当前进化代数为 t，群体规模为 NP，空间维数为 D，当前种群为 $X(t) = \{x_1^t, x_2^t, \cdots, x_{NP}^t\}$，设第 i 个个体为 $x_i^t = \{x_{i1}^t, x_{i2}^t, \cdots, x_{iD}^t\}$。

（1）变异操作。

对于每个个体 x_i^t 按式（3.1）产生变异个体 $v_i^t = \{v_{i1}^t, v_{i2}^t, \cdots, v_{iD}^t\}$，则：

$$v_{ij}^t = x_{r_1 j}^t + F(x_{r_2 j}^t - x_{r_3 j}^t) \qquad j = 1, 2, \cdots, D \qquad (3.1)$$

其中

$$x_{r_1}^t = (x_{r_1 1}^t \ x_{r_1 2}^t \cdots x_{r_1 D}^t), \quad x_{r_2}^t = (x_{r_2 1}^t \ x_{r_2 2}^t \cdots x_{r_2 D}^t), \quad x_{r_3}^t = (x_{r_3 1}^t \ x_{r_3 2}^t \cdots x_{r_3 D}^t)$$

$$(3.2)$$

是群体中随机选择的三个个体，并且 $r_1 \neq r_2 \neq r_3 \neq i$；$x_{r_1 j}^t$，$x_{r_2 j}^t$ 和 $x_{r_3 j}^t$ 分别为个体 r_1，r_2 和 r_3 的第 j 维分量；F 为变异因子，一般取值于 [0, 2]。这样就得到了变异个体 v_i^t。

（2）交叉操作。

由变异个体 v_i^t 和父代个体 x_i^t 得到试验个体 $v_i^t = \{v_{i1}^t, v_{i2}^t, \cdots v_{iD}^t\}$，则：

$$u_{ij}^t = \begin{cases} v_i^t & \text{如果 } rand[0, 1] \leqslant CR \text{ 或 } j = j\_rand \\ x_{ij}^t & \text{如果 } rand[0, 1] > CR \text{ 和 } j \neq j\_rand \end{cases} \qquad (3.3)$$

其中，$rand[0, 1]$ 是 [0, 1] 间的随机数；CR 是范围在 [0, 1] 间的常数，称为交叉因子，CR 值越大，发生交叉的可能性就越大；j_rand 是在 [0, D] 随机选择的一整数，它保证了对于试验个体 u_i^t 至少要从变异个体 v_i^t 中获得一个元素。以上的变异操作和交叉操作统称为繁殖操作。

（3）选择操作。

差分进化算法采用的是"贪婪"选择策略，即从父代个体 x_i^t 和试验个体 u_i^t 中选择一个适应度值最好的作为下一代的个体 x_i^{t+1}，选择操作为：

$$x_i^{t+1} = \begin{cases} x_i^t & \text{如果 fitness}(x_i^t) < \text{fitness}(u_i^t) \\ u_i^t & \text{其他} \end{cases} \quad (3.4)$$

其中，fitness(·)为适应度函数，一般以所要优化的目标函数为适应度函数。本书的适应度函数如无特殊说明均为目标函数且为求函数极小值。

差分进化算法的基本步骤：

第 1 步，初始化参数，确定差分进化算法控制参数，确定适应度函数。差分进化算法控制参数包括：种群规模 NP、缩放因子 F、变异因子 CR、空间维数 D、进化代数 $t=0$。

第 2 步，随机产生初始种群，随机初始化初始种群 $X(t) = \{x_1^t, x_2^t, \cdots, x_{NP}^t\}$，其中 $x_i^t = \{x_{i1}^t, x_{i2}^t, \cdots, x_{iD}^t\}$。

第 3 步，个体评价，对初始种群进行评价，即计算初始种群中每个个体的适应度值。

第 4 步，变异操作，判断是否达到终止条件或进化代数达到最大。若是，则终止进化，将得到最佳个体作为最优解输出；若否，继续，进而得到变异个体 v_i^t。

第 5 步，交叉操作，每个个体进行交叉操作，得到试验个体 u_i^t。

第 6 步，选择操作，依据第 3 步从父代个体 x_i^t 和试验个体 u_i^t 中选择一个作为下一代个体，最终得到中间种群。

第 7 步，终止检验，上述产生的新一代种群 $X(t+1) = \{x_1^{t+1}, x_2^{t+1}, \cdots, x_{NP}^{t+1}\}$，设 $X(t+1)$ 中的最优个体为 x_{best}^t，如果达到最大进化代数或满足误差要求，则停止进化并输出 x_{best}^{t+1} 为最优解，否则令 $t=t+1$ 并转第 3 步。

3.2.2　模型参数估计

3.2.2.1　2pBurr-XⅡ分布模型

基于抽油杆失效原因主要基于物理力学失效，失效数据并非正态分布，根据伯尔XII分布具有非常灵活的分布形状，在最近10年受到很多专家、学者以及工程师的关注。经过后面现场数据验证，适合抽油杆失效数据，因此本章采用伯尔XII分布对抽油杆进行建模分析[8]。

伯尔XII分布的概率密度函数：

$$f(x \mid c, k) = ck\, x^{c-1}\, (1 + x^c)^{-k-1} \tag{3.5}$$

分布函数：

$$F(x \mid c, k) = 1 - (1 + x^c)^{-k} \qquad x > 0, c > 0, k > 0 \tag{3.6}$$

存活函数：

$$S(x \mid c, k) = (1 + x^c)^{-k} \qquad x > 0, c > 0, k > 0 \tag{3.7}$$

失效率函数：

$$h(x \mid c, k) = ck\, x^{c-1}(1 + x^c)^{-1} \qquad x > 0, c > 0, k > 0 \tag{3.8}$$

在这里 c 是内部参数，k 是外部形状参数。

3.2.2.2　参数计算

为了避免只使用短寿命时间做可靠性推断，实验者在生命实验期间随机的移除一些存活的样品。将逐步设限方案被引入生命测试当中替代传统的设限方案。考虑到操作的方便，避免设限测试采用更多的极端寿命，逐步型Ⅰ区间设限方案被考虑到本章里。

随机样本 n 是来源于 Burr-XII 的生命测试，生命测试开始于 $t_0 = 0$，终止于 t_m。分别计算每一个区间段上在预定时间 t_1, t_2, $\cdots$, t_m 上的失效个数。在实验测试期间，R_i 个存活样品从生命实验 $t_i (i = 1, 2, \cdots, m)$ 处被随机移除。令 y_i 表示在 $[t_{i-1}, t_i]$ 上的失效数量。最大似然函数可被获得如下：

$$L(c, k) \propto \prod_{i=1}^{m} \left[F(t_i \mid c, k) - F(t_{i-1} \mid c, k) \right]^{y_i} \left[1 - F(t_i \mid c, k) \right]^{R_i}$$

$$\tag{3.9}$$

在这里 $F(t_0 \mid c, k) = 0$，对数似然函数可以表达为：

$$l(c, k) = \lg L(\theta) = \sum_{i=1}^{m} \{y_i \lg[(1 + t_{i-1}^c)^{-k} - (1 + t_i^c)^{-k}] - k R_i \lg(1 + t_i^c)\}$$

$$(3.10)$$

在这里定义$\hat{c}$和$\hat{k}$为方程$l(c, k)$的最大似然估计。因此：

$$(\hat{c}, \hat{k}) = \arg \max l(c, k) \qquad (3.11)$$

是似然方程$\dfrac{\partial l(c, k)}{\partial c} = 0$ 和$\dfrac{\partial l(c, k)}{\partial k} = 0$ 的解。显然两个似然方程是非常复杂的，在式(3.10)中的对于$l(c, k)$的最大值没有封闭的解可被获得。为了寻找c和k的最大似然估计，考虑迭代计算方法。本章的c和k的最大似然估计通过牛顿算法被获得的分别定义为$\hat{c}_M$和$\hat{k}_M$，但是通过牛顿算法获得$\hat{c}_M$和$\hat{k}_M$有两个弊端：

(1)因为$\lg[(1+t_{i-1}^c)^{-k}-(1+t_i^c)^{-k}]$和$\lg(1+t_i^c)$可能发散，因此采用牛顿算法寻找$c$和$k$的最大似然估计可能是失效的；

(2)需要输入初始值c和k，实施牛顿算法计算，牛顿算法对初始值的输入是非常敏感的，对初始值的确认又是困难的。

为了克服使用牛顿算法寻找基于逐步型 I 区间设限抽样的 Burr-XII 分布的最大似然估计的两个弊端，考虑 DE 算法来寻找c和k的最大似然估计。DE 算法一般终止条件可以是一种或者几种的组合，包括收敛到某一个特定的解；最大迭代次数；达到事先给定的精度；解的适应度值达到最大；通过迭代，解不能再有所改进时停止。

由于 DE 算法中的变异和交叉操作的思想通过使用总体中两个或多个向量之间的差来创建一个新的向量，因此差分进化算法(DE)在许多情况下比遗传算法(GA)有更高的机会获得最优解。利用 DE 算法和牛顿算法研究参数估计的性能，采用三种去除方案进行仿真研究，分别在每个检查时间点去除概率恒定的样本，在寿命试验的早期去除样本和在寿命试验的后期去除样本。重点研究了在三种移除方案下，利用 DE 算法和牛顿算法搜索基于 PTIIC 样本的 c 和 k 的 MLEs 的估计并比较性能。

在这一部分提出了两部计算方案来产生逐步型 I 区间设限抽样。算法一被 R. Aggarwala 提出，用于产生逐步型 I 区间设限抽样。定义失效参数分别为 $(y_1, y_2, \cdots, y_m)$ 和 $(R_1, R_2, \cdots, R_m)$。基于逐步型 I 区间设限抽样 Burr 分布参数的最大似然估计，通过 DE 算法获得的最大似然估计定义为 $\widehat{c_D}$ 和 $\widehat{k_D}$。

算法 I：产生逐步区间型 I 设限抽样（PTIIC）。

步骤 1：令 $y_0 = R_0 = 0$，一组检查时间是 t_1，t_2，$\cdots$，t_m，退出概率是 p_1，p_2，$\cdots$，p_m，在这里 $0 \leqslant p_j < 1$，$j = 1$，2，$\cdots$，$(m-1)$，$p_m = 1$。

步骤 2：令 $i = 0$ 和 $y_s = r_s = 0$。

步骤 3：令 $i = i+1$；产生 y_i 从样本为 $(n - y_s - r_s)$ 二项分布，成功的概率为：

$$\delta_i = \frac{F(t_i \mid c, k) - F(t_{i-1} \mid c, k)}{1 - F(t_{i-1} \mid c, k)} \tag{3.12}$$

令 $R_i = [p_i \times (n - \sum_{j=1}^{i-1}(y_j + R_j) - y_i)]$，在这里 $[z]$ 是小于 z 的最大的正整数。

步骤 4：令 $y_s = (y_s + y_i)$，$r_s = (r_s + R_i)$。

步骤 5：如果 $i < m$，执行步骤 3；否则停止运算。

R 语言包"optim"提供了一个通用的优化算法，算法包括单纯形法、拟牛顿法、模拟退火算法等多种常见算法。R 软件包里带有 L-BFGS-B 方法，可以执行牛顿算法来求解 3pBurr(c, k) 的最大似然估计值。考虑似然函数方程 $l(c, k)$ 是非线性的，并且非常复杂，采用牛顿算法可能会失效。在本章里，寻方程式（3.11）的最大似然估计将采用 DE 算法。R 软件包中的"DEoptim"于 2015 发布，可实现 DE 算法，寻找 3pBurr-XII(c, k) 的最大似然估计值 MLEs，并且软件包"DEoptim"

提供了真实值参数向量的实值函数。

对于执行 DE 算法，参数设置条件如下：重组概率设置为 0.5，权重设置为 0.8，执行 200 次。本章只考虑 $m=5$ 和 $m=10$ 的仿真结果。针对 $m=5$ 的情况，考虑 $(p_1, p_2, \cdots, p_5) = (0.05, 0.05, 0.05, 0.05, 1)$，$(0, 0, 0, 0.2, 1)$，$(0.2, 0, 0, 0, 1)$；针对 $m=10$ 的情况，考虑 $(p_1, p_2, \cdots, p_{10}) = (0.05, 0.05, \cdots, 0.05, 1)$，$(0, 0, \cdots, 0.45, 1)$，$(0.45, 0, 0, \cdots, 0, 0, 1)$。上述移除方案采用平等移除，从试验开始到试验结束移除存活样本。参数组合为 $(c, k) = (3, 5)$ 和 $(2, 7)$，仿真采用的样本数分别为 $n=30, 50, 100$ 和 200 用于对比研究。

对于执行 QN 算法，需要设置 c 和 k 的初始值。但通常的执行者并没有更多的信息给予初始值。因此在仿真学习中，为了结果比较的合理性及公平性，将初始值设置为包含真实值的初始范围，设置为 $(c_0, k_0) = (1, 1)$，$(5, 5)$ 和 $(10, 10)$ 三个区间，用于执行 QN 算法来确定 c_M 和 k_M 的最大似然估计值。令 $\widehat{c}_M^{\mathrm{I}}$ 和 $\widehat{k}_M^{\mathrm{I}}$ 定义基于 MLEs 时，QN 算法采用 $c_0=1$ 和 $k_0=1$ 初始的输入时的估计值，令 $\widehat{c}_M^{\mathrm{II}}$ 和 $\widehat{k}_M^{\mathrm{II}}$ 定义为 QN 算法基于 MLEs 采用 $c_0=5$ 和 $k_0=5$ 初始的输入时的估计值，令 $\widehat{c}_M^{\mathrm{III}}$ 和 $\widehat{k}_M^{\mathrm{III}}$ 定义 QN 算法采用 $c_0=10$ 和 $k_0=10$ 为初始输入时的估计值。

算法Ⅱ：执行仿真模拟。

步骤 1：通过算法Ⅰ，产生步型Ⅰ区间设限抽样 $(y_1, y_2, \cdots, y_m)$ 和 $(R_1, R_2, \cdots, R_m)$。

步骤 2：通过 DE 算法和 QN 算法获得最大似然估计值定义为：$(\widehat{c}_M, \widehat{k}_M)$ 和 $(\widehat{c}_D, \widehat{k}_D)$。

步骤 3：重复步骤 1—步骤 2 10000 次，当 $i=1, 2, \cdots, 10000$，定义 $(\widehat{c}_{M,i}, \widehat{k}_{M,i})$ 和 $(\widehat{c}_{D,i}, \widehat{k}_{D,i})$。

设 $\widehat{\theta}_i$ 是 θ 第 i 次的仿真结果，均方差 $\mathrm{MSE} = \dfrac{1}{10000} \sum\limits_{i=1}^{10000} (\widehat{\theta}_i - \theta)^2$ 和偏差

$\text{Bias} = \left(\dfrac{1}{10000} \sum\limits_{i=1}^{10000} \widehat{\theta}_i \right) - \theta$。根据 c 和 k 的 10000 次的仿真结果，计算 c 和 k 的均方差和偏差，即 $\theta = c$ 时，则 $\widehat{\theta}_i$ 即是 $\widehat{c}_{\text{M},i}$ 和 $\widehat{c}_{\text{D},i}$；如果 $\theta = k$，则 $\widehat{\theta}_i$ 即是 $\widehat{k}_{\text{M},i}$ 和 $\widehat{k}_{\text{D},i}$。

3.2.3　仿真模拟及性能比较

所有仿真结果见表 3.4 至表 3.9，获得结果如下：

表 3.4　方案 I 条件下针对 $(c, k) = (3, 5)$ 的最大似然估计的偏差和均方差

参数	Bias				MSE			
	$n = 30$	$n = 50$	$n = 100$	$n = 200$	$n = 30$	$n = 50$	$n = 100$	$n = 200$
$\widehat{c}_{\text{D}}$	2.590	2.421	1.671	0.748	17.934	17.553	12.353	4.885
$\widehat{c}_{\text{M}}^{\text{I}}$	6.172	5.477	3.055	0.794	222.480	179.765	86.279	15.300
$\widehat{c}_{\text{M}}^{\text{II}}$	4.538	4.654	2.901	0.788	224.180	180.661	86.475	15.313
$\widehat{c}_{\text{M}}^{\text{III}}$	4.832	4.862	2.966	0.800	226.580	182.582	87.112	15.442
$\widehat{k}_{\text{D}}$	1.610	0.920	0.347	0.134	10.115	5.549	1.678	0.492
$\widehat{k}_{\text{M}}^{\text{I}}$	9.643	5.140	1.198	0.179	257.840	135.852	28.093	1.894
$\widehat{k}_{\text{M}}^{\text{II}}$	9.351	4.986	1.167	0.177	242.990	128.007	26.509	1.809
$\widehat{k}_{\text{M}}^{\text{III}}$	11.679	6.211	1.415	0.190	373.400	196.855	40.420	2.548

表 3.5　方案 I 条件下针对 $(c, k) = (2, 7)$ 的最大似然估计的偏差和均方差

参数	Bias				MSE			
	$n = 30$	$n = 50$	$n = 100$	$n = 200$	$n = 30$	$n = 50$	$n = 100$	$n = 200$
$\widehat{c}_{\text{D}}$	3.207	3.262	3.157	2.724	19.318	20.884	21.960	20.591
$\widehat{c}_{\text{M}}^{\text{I}}$	4.575	4.828	4.703	3.963	102.050	108.766	104.352	87.357
$\widehat{c}_{\text{M}}^{\text{II}}$	1.089	1.887	2.727	3.110	98.629	105.930	102.467	86.595
$\widehat{c}_{\text{M}}^{\text{III}}$	1.381	2.171	2.996	3.306	99.560	107.211	104.361	88.456
$\widehat{k}_{\text{D}}$	1.901	1.509	0.977	0.510	8.127	6.862	4.624	2.317
$\widehat{k}_{\text{M}}^{\text{I}}$	18.248	15.419	10.524	4.812	445.690	379.229	260.211	117.530
$\widehat{k}_{\text{M}}^{\text{II}}$	17.654	14.913	10.177	4.656	417.920	355.595	243.988	110.216
$\widehat{k}_{\text{M}}^{\text{III}}$	22.382	18.937	12.939	5.900	663.770	564.822	387.602	174.956

表 3.6　方案 II 条件下针对 $(c, k) = (3, 5)$ 的最大似然估计的偏差和均方差

参数	Bias				MSE			
	$n=30$	$n=50$	$n=100$	$n=200$	$n=30$	$n=50$	$n=100$	$n=200$
$\widehat{c}_D$	2.638	2.426	1.615	0.701	18.058	17.411	11.694	4.520
$\widehat{c}_M^{\mathrm{I}}$	6.573	5.667	2.954	0.755	230.490	182.717	80.215	13.476
$\widehat{c}_M^{\mathrm{II}}$	4.830	4.751	2.768	0.745	232.180	183.690	80.402	13.486
$\widehat{c}_M^{\mathrm{III}}$	4.927	4.802	2.778	0.753	231.680	183.393	80.345	13.563
$\widehat{k}_D$	1.610	0.920	0.346	0.134	10.114	5.548	1.678	0.492
$\widehat{k}_M^{\mathrm{I}}$	9.642	5.139	1.198	0.179	257.840	135.816	28.093	1.894
$\widehat{k}_M^{\mathrm{II}}$	9.350	4.985	1.167	0.177	242.990	128.007	26.509	1.810
$\widehat{k}_M^{\mathrm{III}}$	11.678	6.210	1.415	0.190	373.400	196.585	40.419	2.548

表 3.7　方案 II 条件下针对 $(c, k) = (2, 7)$ 的最大似然估计的偏差和均方差

参数	Bias				MSE			
	$n=30$	$n=50$	$n=100$	$n=200$	$n=30$	$n=50$	$n=100$	$n=200$
$\widehat{c}_D$	3.263	3.291	3.179	2.708	19.701	21.061	22.045	20.311
$\widehat{c}_M^{\mathrm{I}}$	4.581	4.889	4.905	4.055	98.571	107.388	107.271	88.142
$\widehat{c}_M^{\mathrm{II}}$	1.043	1.878	2.839	3.123	95.046	104.432	105.216	87.226
$\widehat{c}_M^{\mathrm{III}}$	1.240	2.046	2.954	3.179	94.394	103.869	104.852	87.165
$\widehat{k}_D$	1.902	1.509	0.977	0.510	8.125	6.862	4.624	2.318
$\widehat{k}_M^{\mathrm{I}}$	18.248	15.419	10.523	4.812	445.690	379.230	260.211	117.530
$\widehat{k}_M^{\mathrm{II}}$	17.654	14.913	10.176	4.655	417.920	355.596	243.989	110.216
$\widehat{k}_M^{\mathrm{III}}$	22.382	18.937	12.938	5.900	663.770	564.823	387.602	174.956

表 3.8　方案 III 条件下针对 $(c, k) = (3, 5)$ 的最大似然估计的偏差和均方差

参数	Bias				MSE			
	$n=30$	$n=50$	$n=100$	$n=200$	$n=30$	$n=50$	$n=100$	$n=200$
$\widehat{c}_D$	2.592	2.488	1.898	0.972	17.314	17.674	13.992	6.516
$\widehat{c}_M^{\mathrm{I}}$	6.046	5.601	3.666	1.212	231.520	195.827	112.186	27.697
$\widehat{c}_M^{\mathrm{II}}$	4.751	5.081	3.669	1.222	233.220	196.564	112.364	27.720
$\widehat{c}_M^{\mathrm{III}}$	5.641	5.795	4.000	1.259	244.430	205.536	116.505	28.163
$\widehat{k}_D$	1.607	0.919	0.348	0.135	10.115	5.547	1.676	0.492
$\widehat{k}_M^{\mathrm{I}}$	9.643	5.140	1.198	0.179	257.840	135.817	28.093	1.894

参数	Bias				MSE			
	$n=30$	$n=50$	$n=100$	$n=200$	$n=30$	$n=50$	$n=100$	$n=200$
$\widehat{k}_M^{II}$	9.351	4.986	1.167	0.177	242.990	128.008	26.510	1.809
$\widehat{k}_M^{III}$	11.679	6.211	1.416	0.190	373.400	196.585	40.420	2.548

表 3.9　方案Ⅲ条件下针对 $(c, k)=(2, 7)$ 的最大似然估计的偏差和均方差

参数	Bias				MSE			
	$n=30$	$n=50$	$n=100$	$n=200$	$n=30$	$n=50$	$n=100$	$n=200$
$\widehat{c}_D$	3.201	3.241	3.203	2.899	18.942	20.288	21.615	21.301
$\widehat{c}_M^{I}$	4.317	4.518	4.582	4.043	93.126	99.732	104.227	92.858
$\widehat{c}_M^{II}$	0.971	1.784	2.882	3.443	89.977	97.274	102.862	92.580
$\widehat{c}_M^{III}$	1.514	2.417	3.623	4.085	95.124	104.033	111.706	100.605
$\widehat{k}_D$	1.900	1.508	0.976	0.510	8.130	6.864	4.625	2.317
$\widehat{k}_M^{I}$	18.248	15.419	10.524	4.812	445.690	379.229	260.211	117.530
$\widehat{k}_M^{II}$	17.654	14.914	10.177	4.656	417.920	355.595	243.988	110.217
$\widehat{k}_M^{III}$	22.382	18.937	12.939	5.900	663.770	564.822	387.602	174.957

（1）DE 算法得到的最大似然估计优于 QN 算法得到的最大似然估计，具有小的偏差（Bias）和均方差（MSE）；

（2）DE 算法和 QN 算法，随着样本数 n 的增加，其偏差（Bias）和均方差（MSE）均逐渐减少；

（3）在大的均方差（MSE）的情况下，QN 算法得到的最大似然估计值有时候是不可信的；

（4）在样本数为 30 的情况下，针对 $m=5$ 的情况，对于 DE 算法已经足够获得可靠的 $2\text{pBrr-XII}(c, k)$ 的最大似然估计；

（5）关于移除方案，迄今尚没有一致精准的结论，移除方案的影响取决于样本的大小。

最后，考虑针对 PTIIC 样本的 2pBrr-XII 分布的对数似然函数是复杂的，并且 QN 算法可能是失效的，很可能不能获得可靠的 2pBrr-XII

分布的参数估计。从结果可见 DE 算法是比 QN 算法是更有效的方案。

针对方案 Ⅰ 条件下，参数估计的偏差和方差参见表 3.4 和表 3.5。

针对方案 Ⅱ 条件下，参数估计的偏差和方差结果参见表 3.6 和表 3.7。

针对方案 Ⅲ 条件下，参数估计的偏差和方差结果参见表 3.8 和表 3.9。

3.3　抽油杆寿命预测及可靠性分析

3.3.1　基于 2pBurr-XII分布模型抽油杆寿命预测

依据目前油田数据库的资料现状，选取三种工况条件下的数据，采用 2pBurr-XII分布模型对抽油杆寿命数据进行可靠性分析。

第一组选井条件：大庆油田某区块 2011—2018 年因杆失效检泵井，水驱基础井网，机型 10 型，泵径 70mm，冲程 4.2m，冲次 6 次/min，正产生产时，油井平均产液量 65.8m³/d，平均产油 3.64m³/d，平均沉没度 149m，收集数据 100 组，数据见表 3.10。

表 3.10　第一组油井抽油杆寿命数据

序号	检泵周期(d)	序号	检泵周期(d)	序号	检泵周期(d)	序号	检泵周期(d)
1	625	9	233	17	346	25	707
2	63	10	570	18	221	26	340
3	701	11	695	19	464	27	437
4	1061	12	1049	20	330	28	504
5	210	13	657	21	533	29	507
6	648	14	378	22	691	30	674
7	369	15	210	23	221	31	475
8	938	16	165	24	242	32	1472

续表

序号	检泵周期（d）	序号	检泵周期（d）	序号	检泵周期（d）	序号	检泵周期（d）
33	626	50	724	67	695	84	424
34	458	51	206	68	236	85	279
35	1030	52	339	69	423	86	516
36	446	53	559	70	464	87	651
37	155	54	303	71	844	88	813
38	273	55	556	72	534	89	542
39	1054	56	359	73	345	90	1079
40	750	57	590	74	501	91	557
41	259	58	585	75	317	92	765
42	1060	59	242	76	607	93	1036
43	642	60	211	77	632	94	469
44	365	61	211	78	538	95	1163
45	953	62	274	79	272	96	834
46	660	63	681	80	253	97	192
47	589	64	267	81	1034	98	148
48	1466	65	1009	82	387	99	1292
49	844	66	360	83	383	100	269

第二组选井条件：大庆油田某区块 2011—2018 年因杆失效检泵井，水驱基础井网，机型 10 型，泵径 70mm，冲程 4.2m，冲次 8 次/min，正产生产时，油井平均产液量 76.8m³/d，平均产油 4.209m³/d，平均沉没度 260m，收集数据 57 组，数据见表 3.11。

表 3.11　第二组油井抽油杆寿命数据

序号	检泵周期（d）	序号	检泵周期（d）	序号	检泵周期（d）	序号	检泵周期（d）
1	288	8	268	15	704	22	1571
2	426	9	782	16	1559	23	422
3	495	10	443	17	782	24	203
4	570	11	377	18	272	25	325
5	445	12	416	19	340	26	400
6	160	13	605	20	574	27	665
7	195	14	659	21	847	28	651

续表

序号	检泵周期(d)	序号	检泵周期(d)	序号	检泵周期(d)	序号	检泵周期(d)
29	620	37	607	45	551	53	338
30	309	38	265	46	986	54	796
31	94	39	287	47	412	55	485
32	226	40	254	48	149	56	1097
33	394	41	696	49	916	57	450
34	518	42	933	50	545		
35	310	43	812	51	345		
36	717	44	295	52	256		

第三组选井条件：大庆油田某区块 2011—2018 年因杆失效检泵井，聚合物驱加密井网，机型 10 型，泵径 70mm，冲程 4.2m，冲次 6 次/min，正产生产时，油井平均产液量 65.8m³/d，平均产油 3.64m³/d，平均沉没度 149m，收集数据 117 组，数据见表 3.12。

表 3.12　第三组油井抽油杆寿命数据

序号	检泵周期(d)	序号	检泵周期(d)	序号	检泵周期(d)	序号	检泵周期(d)
1	759	18	492	35	390	52	331
2	339	19	566	36	204	53	339
3	288	20	393	37	384	54	297
4	297	21	719	38	275	55	844
5	220	22	426	39	452	56	433
6	538	23	228	40	521	57	329
7	542	24	67	41	298	58	346
8	565	25	276	42	319	59	575
9	394	26	282	43	357	60	238
10	946	27	418	44	460	61	474
11	78	28	651	45	228	62	638
12	905	29	531	46	123	63	340
13	507	30	284	47	592	64	530
14	238	31	234	48	203	65	555
15	236	32	216	49	307	66	486
16	551	33	240	50	380	67	901
17	261	34	605	51	418	68	525

续表

序号	检泵周期(d)	序号	检泵周期(d)	序号	检泵周期(d)	序号	检泵周期(d)
69	495	82	619	95	759	108	509
70	173	83	436	96	389	109	524
71	223	84	316	97	321	110	294
72	538	85	514	98	569	111	371
73	371	86	328	99	51	112	433
74	402	87	607	100	792	113	225
75	265	88	791	101	315	114	151
76	656	89	581	102	507	115	517
77	271	90	572	103	440	116	101
78	1106	91	801	104	645	117	187
79	789	92	317	105	380	118	
80	353	93	332	106	427	119	
81	861	94	783	107	430	120	

以样本数据为横坐标，以失效时间为纵坐标做散点图，如图3.1所示，可以看出来，在不同的区块上，在不同机型、泵径、冲程和冲次条件下，三组数据的折线图明显不同，显然其寿命分布差别很大。但总体的趋势保持一致，可以看出三种寿命分布基本服从同一类型的密度函数，但是参数不同。图3.1中，杆1表示第一组数据分布，杆2表示第二组数据分布，杆3表示第三组数据分布。初步判定：抽油杆受其工作状态影响很大，不能忽视。

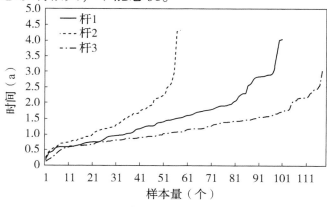

图3.1　三组数据折线图

三组数据的平均值、中值和方差等数字特征见表 3.13。

表 3.13　数据的特征值

组数	杆 1	杆 2	杆 3
均值	1.51605	1.44710	1.19941
中值	1.40137	1.21918	1.10137
方差	0.69090	0.69962	0.31461
偏度	0.89664	1.48492	0.70484
峰度	0.47780	3.00244	0.39221
极小值	0.17260	0.25753	0.13973
极大值	4.03288	4.30411	3.03014

进行 K-P 检验，p 值分别为 $p = 1.12$，1.09，1.18，数据符合 2pBurr-XII分布。基于三组数据，使用 R 软件包执行 DE 算法和 QN 算法，求得 2pBurr-XII参数 c 和 k 结果见表 3.14。

表 3.14　2pBurr-XII参数估计值

组数	DE 算法		QN 算法	
	$\widehat{c_D}$	$\widehat{k_D}$	$\widehat{c_G}$	$\widehat{k_G}$
1	3.402886	0.6345698	3.4028844	0.6345706
2	3.57158	0.6641326	3.571579	0.6641332
3	3.556837	0.8856405	3.556830	0.8856419

针对三组数据分别选择估计值为第一组：$\widehat{c}_{D1} = 3.398$，$\widehat{k}_{D1} = 0.636$；第二组：$\widehat{c}_{D2} = 3.568$，$\widehat{k}_{D2} = 0.666$；第三组：$\widehat{c}_{D3} = 3.557$，$\widehat{k}_{D3} = 0.886$。

得到第一种工况条件下抽油杆寿命密度函数为：

$$f_1(x \mid c, k) = 2.161\, x^{2.398}\, (1 + x^{3.398})^{-1.636} \qquad x > 0 \qquad (3.13)$$

得到第二种工况条件下抽油杆寿命密度函数为：

$$f_2(x \mid c, k) = 2.376\, x^{2.568}\, (1 + x^{3.568})^{-1.666} \qquad x > 0 \qquad (3.14)$$

得到第三种工况条件下抽油杆寿命密度函数为：

$$f_3(x \mid c, k) = 3.151\, x^{2.557}\, (1 + x^{3.557})^{-1.886} \qquad x > 0 \qquad (3.15)$$

于是对应的三种工况环境下抽油杆的寿命分布函。

得到第一种工况条件下抽油杆寿命分布函数为：

$$F_1(x \mid c, \ k) = 1 - (1 + x^{3.398})^{-0.636} \qquad x > 0 \qquad (3.16)$$

得到第二种工况条件下抽油杆寿命分布函数为：

$$F_2(x \mid c, \ k) = 1 - (1 + x^{3.568})^{-0.666} \qquad x > 0 \qquad (3.17)$$

得到第三种工况条件下抽油杆寿命分布函数为：

$$F_3(x \mid c, \ k) = 1 - (1 + x^{3.557})^{-0.886} \qquad x > 0 \qquad (3.18)$$

利用所求得的参数产生随机模拟数据，与现场数据做折线图对比，其中模 1 表示第一组模拟数据，其中模 2 表示第二组模拟数据，其中模 3 表示第三组模拟数据，从图 3.2 至图 3.4，三组图形都比较相符。

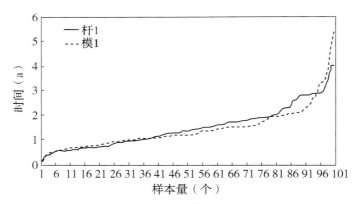

图 3.2　第一组数据折线图

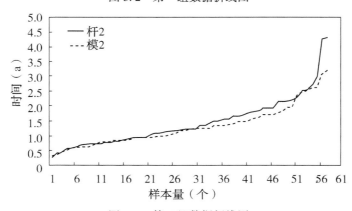

图 3.3　第二组数据折线图

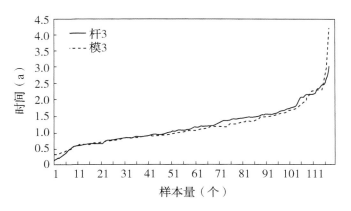

图 3.4　第三组数据折线图

虽然现场数据的局限性，与理论计算值有一定的偏差，但从图 3.2 至图 3.4 可以看出，两者的变化趋势是一致的，拟合度较高，说明理论计算方法合理，模型适用于抽油杆的寿命分布分析。

3.3.2　基于 2pBurr-XII分布模型抽油杆可靠性分析

基于三组数据估计值为第一组：$\widehat{c}_{D1} = 3.398$，$\widehat{k}_{D1} = 0.636$；第二组：$\widehat{c}_{D2} = 3.568$，$\widehat{k}_{D2} = 0.666$；第三组：$\widehat{c}_{D3} = 3.5567$，$\widehat{k}_{D3} = 0.886$。于是得到对应的三种工作环境下抽油杆生存函数。针对三组数据分别选择估计值为第一组：

第一种工况条件下抽油杆生存函数为：

$$S_1(x \mid c,\ k) = (1 + x^{3.398})^{-0.636} \qquad x > 0 \qquad (3.19)$$

第二种工况条件下抽油杆生存函数为：

$$S_2(x \mid c,\ k) = (1 + x^{3.568})^{-0.666} \qquad x > 0 \qquad (3.20)$$

第三种工况条件下抽油杆生存函数为：

$$S_3(x \mid c,\ k) = (1 + x^{3.557})^{-0.886} \qquad x > 0 \qquad (3.21)$$

第一种工况条件下抽油杆失效率函数为：

$$h_1(x \mid c,\ k) = 2.161\, x^{2.398} (1 + x^{3.398})^{-1} \qquad x > 0,\ c > 0,\ k > 0$$

$$(3.22)$$

第二种工况条件下抽油杆失效率函数为：

$$h_2(x \mid c, k) = 2.376 \, x^{2.568} (1 + x^{3.568})^{-1} \qquad x > 0, \ c > 0, \ k > 0$$

$$(3.23)$$

第三种作工况件下抽油杆失效率函数为：

$$h_3(x \mid c, k) = 3.151 \, x^{2.556} (1 + x^{3.556})^{-1} \qquad x > 0, \ c > 0, \ k > 0$$

$$(3.24)$$

采用 $\widehat{x}_p$ 用于可靠性推断。当分位数 p^{th} 取值为 5th，10th，15th，20th，25th 和 50th 时，MLEs 取值见表 3.15。

表 3.15 p^{th} 分位数的最大似然估计

分位数	5	10	15	20	25	50
第一组	0.39998	0.54624	0.63742	0.71808	0.88051	1.32824
第二组	0.27502	0.46581	0.58916	0.67234	0.72403	1.06500
第三组	0.58429	0.63606	0.74505	0.77264	0.80796	1.03786

三组抽油杆模型参数估计值。分位数取值为 5th，10th，15th，20th，25th 和 50th 时，对应的天数为：第一组 $\widehat{x}_p$ 的 MLEs 预测值为：145，199，232，262，321，484（天）。第二组 $\widehat{x}_p$ 的 MLEs 预测值为：100，170，215，245，264，388（天）。第三组 $\widehat{x}_p$ 的 MLEs 预测值为 213，232，271，282，294，378（天）。以第一组数据为例，当抽油杆工作 145 天的时候，抽油杆出现故障的可能性只有 5%，当抽油杆工作 199 天的时候，抽油杆出现故障的可能性为 10%，当抽油杆工作 232 天的时候，抽油杆出现故障的可能性有 15%。也可以根据抽油杆的 $\widehat{x}_p$ 值得到最佳维护周期，为后续工作做好准备。

3.4 模型扩展

3.4.1 MH-MCMC 算法

（1）蒙特卡罗算法。

目前油田对元件寿命估计，主要是根据历史数据，采用数字特征进行参数的点估计。而贝叶斯统计学是利用后验分布对参数算法 θ 进行推断得出参数的分布规律。这种推断的计算很多情况下要用积分计算来完成。如果后验分布过于复杂，积分通常没有显式结果，数值方法也很难计算。当后验分布是多元分布时，又需要计算多重积分。这些都会带来计算上的很大困难。这也是在很长的时期内，贝叶斯统计得不到快速发展的一个原因。1990 年代马尔科夫链蒙特卡罗(Markov Chain Monte Carlo ， MCMC)计算方法引入贝叶斯统计学之后，解决了计算的难题。

蒙特卡罗方法是一种随机模拟方法，随机模拟的思想由来已久，由于较难于取得随机数，导致随机模拟的方法一直发展缓慢。蒙特卡罗算法的出现归功于现代电子计算机的发展。1944 年由 Metropolis 和 Ulam 提出，虽然蒙特卡罗模拟的过程是随机的，但可以解决很多确定性的问题。蒙特卡罗可以理解为一种思想的泛称，只要在解决问题过程中，利用大量的随机样本，然后对这些样本结果进行概率分析从而得到问题求解的方法，都可以称之为蒙特卡罗算法。

蒙特卡罗算法的基础是生成指定分布的随机数的抽样。最基本的是从均匀分布 U(0 , 1)生成样本，然后通过线性同余发生器可以生成伪随机数序列，生成的伪随机数序列就有比较好的统计性质，通常用于模拟真实的随机数使用。目前常见的分布的随机数都可以由均匀分布的样本生成，进而解决各种分布的随机数的产生问题。

(2)马尔科夫链(Markov Chain)和 MCMC。

在蒙特卡罗模拟中，在后验分布中抽取样本时，如果样本独立，由大数定律可知，样本均值会收敛到期望；如果得到的样本是不独立的，可进一步借助于马尔科夫链进行抽样。马尔科夫链是马尔科夫过程离散状态的随机过程，可以看做是一个随时间变化的随机变量序列，在物理上用来表示在某个空间中物体的位置随机变化的轨迹。在贝叶斯统计中，物体的轨迹可以看做蒙特卡罗算法的结果，而"空间"就是支持后验分布 $p(\theta \mid x)$ 的样本空间。

马尔科夫链的定义：$\{X_n\}$ 为马尔可夫链，如果对任意的 $n \geqslant 0$，i_0，i_1，$\cdots$，i，j 有：

$$P(X_{n+1} = j \mid X_0 = i_0, \cdots X_{n-1} = i_{n-1}, X_n = i) = P(X_{n+1} = j \mid X_n = i)$$

$$(3.25)$$

这个定义又称为马尔科夫性质，对一个马尔科夫链来说，未来状态只与当前状态有关，与历史状态无关。马尔科夫链的一个很重要的性质是平稳分布。从根本意义上来说，主要指其统计性质不随时间变化而改变，其主要随机特征是稳定的，这样的马尔科夫链具有平稳性。根据马氏链收敛定理，当步长 n 足够大时，一个非周期且任意状态连通的马氏链可以收敛到一个平稳分布 $\pi(x)$。这个定理是所有的 MCMC 方法理论的基础。

对于一个马氏链进行状态转移过程，设初始分布从 $\pi(0)$ 出发，假设到第 n 步时，这个链可以收敛到平稳分布 $\pi(x_n)$，此时这个过程可以表示为：$\pi(x_0)$，$\pi(x_1)$，$\cdots$，$\pi(x_n)$，$\pi(x_{n+1})\cdots$在利用马氏链进行抽样时，在收敛之前的一段时间上，例如取的前 $n-1$ 次迭代，各个状态的边际分布并不是稳定分布，因此在进行估计的时候，通常会把前面的这 $n-1$ 迭代值去掉。这个过程称为预烧期"burn-in"。

MCMC 方法实质就是构造恰当的马尔科夫链进行抽样，继而使用蒙特卡罗算法进行积分计算。当马尔科夫链逐渐收敛到平稳分布时，可以建立一个平稳分布的马尔科夫链，当这个链运行足够长时间之后，就可以达到平稳状态。此时马尔科夫链的值就相当于在分布 $\pi(x)$ 中抽取样本。利用马尔科夫链进行随机模拟的方法就是 MCMC。

（3）MH 算法。

MCMC 方法由 Metropolis（1954）提出，后来由 Hastings 改进，合称为 MH 算法。MH 算法是 MCMC 的基础方法。由 MH 算法演化出了许多著名的抽样方法，包括目前在 MCMC 中最常用的 Gibbs 抽样也是 MH 算法的一个特例。

马氏链的收敛性质主要由其转移矩阵 $\boldsymbol{P}$ 决定，基于马氏链，做抽样的关键问题是如何构造转移矩阵 $\boldsymbol{P}$，使得平稳分布恰好是要的分布 $\pi(x)$。这里用到了马尔科夫链的另一个性质，如果具有转移矩阵 $\boldsymbol{P}$ 和分布 $\pi(x)$ 的马氏链对所有的状态 i，j 满足下面的等式：

$$\pi(i)p(i, j) = \pi(j)p(j, i) \tag{3.26}$$

这个等式称为细致平衡方程，满足细致平衡方程的分布 $\pi(x)$ 是平稳的。因此要想得到抽样的马尔科夫链是平稳的，可以从细致平衡方程作为出发点。但是一般情况下，任意的分布 $\pi(x)$ 不一定是平稳的。那么为了让细致平衡方程成立，引入一个函数 $a(i, j)$ 满足 $0 \leq a(i, j) \leq 1$，使得：

$$\pi(i)p(i, j)a(i, j) = \pi(j)p(j, i)a(j, i) \tag{3.27}$$

按照对称性，可以取：

$$a(i, j) = \pi(j)p(j, i)，\quad a(j, i) = \pi(i)p(i, j) \tag{3.28}$$

记

$$q(i, j) = p(i, j)a(i, j)，\quad q(j, i) = p(j, i)a(j, i) \tag{3.29}$$

于是可以得到新的以 $q(i, j)$ 为转移概率的马尔科夫链，并且具有平稳分布 $\pi(x)$，这里的 $a(i, j)$ 叫做接受率，也就是在原来的马氏链上以概率 $a(i, j)$ 接受从状态 i 到状态 j 的转移概率为 $p(i, j)$ 的状态转移。进一步地，如果接受率过小，会导致马氏链过多地拒绝状态转移，这样马氏链的收敛速度会很慢。因此，可以考虑放大 $a(i, j)$，使

$$\pi(i)p(i, j)a(i, j) = \pi(j)p(j, i)a(j, i)$$

中的两个方程中 a 取到 1，小的同比例放大。这样拒绝率就可以表示为：

$$a(i, j) = \min(1, \pi(j) p(j, i) / \pi(i) p(i, j)) \qquad (3.30)$$

这就是 MH 算法。

对连续状态的马尔科夫链依然有相同的结论。在连续状态中表示状态转移概率的项目用条件概率密度函数代替，通常称为转移核。

MH 算法的步骤：

第 1 步，构造合适的提议分布（Proposal distribution）。

第 2 步，$g(\cdot \mid X_t)$ 在分布中产生 X_0。

迭代下面的步骤：

第 1 步，在 $g(\cdot \mid X_t)$ 中生成新样本 Y；

第 2 步，从均匀分布 $U(0, 1)$ 中抽取随机数 U。

如果 U 满足

$$U \leqslant f(Y) g(X_t \mid Y) / f(X_t) g(Y \mid X_t) \qquad (3.31)$$

则令 $X_{t+1} = Y$（转移到新状态），否则 $X_{t+1} = X_t$（状态不变）。其中 f 是目标分布，即抽样的后验分布。

3.4.2 基于型 II 设限抽样条件下 3pBurr-XII 分布模型参数估计

3.4.2.1 型 II 设限下 3pBurr-XII 分布模型

3pBurr-XII 包括很多广泛的应用分布极限的情况，以及它们重叠的情况，例如指数分布、伽马分布、对数正态分布、对数罗吉斯分布、钟形分布、J 形贝塔分布等。除此之外 3pBurr-XII 分布也包括一些混合分布的特殊情况。例如带有伽马分布的混合威布尔分布服从 Burr-XII D，带有伽马分布的混合指数分布，其比例参数服从 Burr-XII 分布。Burr-XII 分布可以成为威布尔和 Pareto 的型 I 分布的渐进分布。因为有两个形状和一个规模参数 Burr–XⅡ可以适合广泛的工业数据。除此之外 Burr–XⅡ分布可以包含更宽泛的偏度和峰度。因此 Burr–XⅡ分布在很多领域中均有应用。

对于实际的应用，由于 3pBurr–XⅡ分布包含三个参数，因此包含很多优点，同时也导致一个问题，获得参数分布的最大似然估计非常困难。用传统的数值计算方法例如牛顿法，虽然可以解决该问题，但是牛顿法对于参数模型的初始值是敏感的，如果参数模型的初始值没有正确提供，将产生错误的最大似然估计。Panahi 和 Sayyareh 在 2014 年提出了重要的抽样方案来获得 Burr–XⅡ参数的贝叶斯估计。但是可以发现那样的方法对于 3pBurr–XⅡ分布的参数估计是不适当的。Gibbs 抽样方案可以解决 MCMC 方法的实施，但是条件分布用 Gibbs 抽样方案是非常复杂的，对于 3pBurr–XⅡ分布，参数使用 Gibbs 抽样方案产生马尔科夫链将出现若干问题。因此本章提出基于 MH 计算进行改善重要抽样的统计性能，采用 MH–MCMC 方法用于获得 3pBurr–XⅡ分布参数稳定的最大似然估计。

带有参数 $\theta=(c,\ k,\ \alpha)$ 的 3pBurr–XⅡ分布概率密度函数和累积密度函数分别定义为：

$$f(x\mid\theta)=\frac{ck}{\alpha}\left(\frac{x}{\alpha}\right)^{c-1}\left[1+\left(\frac{x}{\alpha}\right)^{c}\right]^{-(k+1)} \tag{3.32}$$

和

$$F(x\mid\theta)=1-\left[1+\left(\frac{x}{\alpha}\right)^{c}\right]^{-k}\qquad c,\ k,\ \alpha,\ x>0 \tag{3.33}$$

在这里 c 是内部参数，k 是外部参数，α 是规模比例参数。

如果 3pBurr–XⅡ分布的密度函数是 L 形的，并且单峰的。生存函数和失效率函数分别为：

$$S(x\mid\theta)=\left[1+\left(\frac{x}{\alpha}\right)^{c}\right]^{-k} \tag{3.34}$$

和

$$h(x \mid \theta) = \frac{ck}{\alpha} \left(\frac{x}{\alpha} \right)^{c-1} \left[1 + \left(\frac{x}{\alpha} \right)^c \right]^{-1} \tag{3.35}$$

3pBurr-XII分布 r 时刻的期望是：

$$\mathrm{E}(r) = \mu_r = k\,\alpha^r B\left(\frac{ck - r}{c},\ \frac{c + r}{c} \right) \tag{3.36}$$

在这里 $B(a,\ b) = \int_0^1 t^{a-1}(1-t)^{b-1}\mathrm{d}t$ 是贝塔分布。传统上，c，k 和 α 可以通过最大似然估计法求解。

3.4.2.2　3pBurr-XII分布型 II 区设限下的抽样模型

令样本数据是 $\{x_1,\ x_2,\ \cdots,\ x_n\}$，最大似然函数为：

$$\begin{aligned}
L(\theta \mid x) &= \prod_{i=1}^{n} f(x_i \mid \theta) \\
&= \prod_{i=1}^{n} \left\{ \frac{ck}{\alpha} \left(\frac{x_i}{\alpha} \right)^{c-1} \left[1 + \left(\frac{x_i}{\alpha} \right)^c \right]^{-(k+1)} \right\} \\
&= (ck)^n \alpha^{-nc} \left\{ \prod_{i=1}^{n} y_i^{c-1} \left[1 + \left(\frac{y_i}{\alpha} \right)^c \right]^{-(k+1)} \right\} \\
&= (ck)^n \alpha^{-nc} \exp\left\{ (c-1)\sum_{i=1}^{n} \lg y_i - (k+1)\sum_{i=1}^{n} \lg\left[1 + \left(\frac{x_i}{\alpha} \right)^c \right] \right\}
\end{aligned} \tag{3.37}$$

最大似然方程为：

$$\begin{aligned}
\ell(\theta) &\equiv \lg(L(\theta \mid x)) \\
&= n\lg(kc) - nc\lg(\alpha) + (c-1)\sum_{i=1}^{n} \lg x_i - (k+1)\sum_{i=1}^{n} \lg\left[1 + \left(\frac{x_i}{\alpha} \right)^c \right]
\end{aligned} \tag{3.38}$$

在这里 c，k 和 α 是似然方程 $\partial l(\theta)/\partial c = 0$，$\partial l(\theta)/\partial k = 0$，$\partial l(\theta)/\partial \alpha = 0$ 的解。

$$\frac{n}{c} - n\lg(\alpha) + \sum_{i=1}^{n} \lg(x_i) - (k+1)\sum_{i=1}^{n} \frac{(x_i/\alpha)^c \lg(x_i/\alpha)}{1 + (x_i/\alpha)^c} = 0$$

$$(3.39)$$

$$\frac{n}{k} - \sum_{i=1}^{n} \lg\left[1 + \left(\frac{x_i}{\alpha}\right)^c\right] = 0 \qquad (3.40)$$

$$\frac{c(k+1)}{\alpha} \sum_{i=1}^{n} \frac{(x_i/\alpha)^c}{1 + (x_i/\alpha)^c} - \frac{nc}{\alpha} = 0 \qquad (3.41)$$

因为最大似然方程 $\partial l(\theta)/\partial c = 0$，$\partial l(\theta)/\partial k = 0$，$\partial l(\theta)/\partial \alpha = 0$ 是非常复杂的，它们的 c，k 和 α 没有解析解，应用数值计算方法，例如牛顿法，可以寻找 c，k 和 α 的最大似然估计。但是牛顿法对于初始值是非常敏感的。如果初始值不能适当的选取，牛顿法将导致错误的最大似然估计。为了克服这个缺点，MH 抽样过程被建议实现 MCMC 过程。MCMC 是一种可逃避初始值的陷阱的有效方法[9]。

3.4.2.3　MH-MCMC 算法参数估计

考虑 c 和 k 服从伽马分布，有下面的密度函数

$$\pi_1(c) = \frac{b_1^{a_1}}{\Gamma(a_1)} c^{a_1-1} \exp\{-b_1 c\} \qquad (3.42)$$

$$\pi_2(k) = \frac{b_2^{a_2}}{\Gamma(a_2)} k^{a_2-1} \exp\{-b_2 k\} \qquad (3.43)$$

假设参数 α 的先验概率跟常数成正比，定义 $\pi_3(\alpha) \propto 1$。联合密度函数为

$$\pi(\theta) = \pi_1(c) \times \pi_2(k) \times \pi_3(\alpha) \qquad (3.44)$$

令

$$g_1(c \mid \alpha, k) = \int_0^\infty \int_0^\infty \pi(\theta \mid y)\, \mathrm{d}\alpha \mathrm{d}k \qquad (3.45)$$

$$g_2(\alpha \mid c, k) = \int_0^\infty \int_0^\infty \pi(\theta \mid y)\, \mathrm{d}c \mathrm{d}k \qquad (3.46)$$

$$g_3(k \mid c, \ \alpha) = \int_0^\infty \int_0^\infty \pi(\theta \mid \boldsymbol{x}) \, \mathrm{d}c\mathrm{d}\alpha \qquad (3.47)$$

令 $G_1(c \mid \alpha, \ k) = \int_0^c g_1(t \mid \alpha, \ k)\mathrm{d}t$ 是已知 k，α 关于 c 的条件分布，

$G_2(\alpha \mid c, \ k) = \int_0^\alpha g_2(t \mid c, \ k)\mathrm{d}t$ 是已知 k 和 c 关于的 α 条件分布，$G_3(k \mid c,$

$\alpha) = \int_0^k g_3(t \mid c, \ \alpha)\mathrm{d}t$ 是已知 α 和 c，关于 k 的条件分布。Gibbs 抽样方案

可以用于实现 MCMC 方法生成来源于条件分布 $G_1(c \mid \alpha, \ k)$，$G_2(\alpha \mid c,$

$k)$ 和 $G_3(k \mid c, \ \alpha)$ 的参数链。但是 $G_1(c \mid \alpha, \ k)$，$G_2(\alpha \mid c, \ k)$ 和 $G_3(k \mid c,$

$\alpha)$，包含积分方程，对于三个先验分布，MH 算法被考虑取代 Gibbs 抽样

方案，来实现 MCMC 算法。MH-MCMC 算法的提出可以根据下面算法 1

实现。

算法 1：MH-MCMC 过程。

初始步：挑选初始值 c_0，α_0 和 k_0。

第 1 步：提出转移概率 $q_1(c_* \mid c_i)$ 根据 c_* 到 c_i，提出转移概率 q_2 $(\alpha_* \mid \alpha_i)$ 根据 α_* 到 α_i，提出转移概率 $q_3(k_* \mid k_i)$ 根据 k_* 到 k_i。

第 2 步：执行第 3 步，$i = 0$，1，2，$\cdots$，N，在这里 N 是比较大的数。

第 3 步：这一步执行下面的步骤：

步骤 3.1：从 $q_1(c_* \mid c_i)$ 产生 c_*，从 $U(0, \ 1)$ 产生 u，在这里 $U(0,$ $1)$ 是区间 $(0, \ 1)$ 上的均匀分布。更新 c_{i+1} 根据下面的等式：

$$c_{i+1} = \begin{cases} c_* & \text{如果 } u \leqslant \min\left\{1, \ \dfrac{g_1(c_* \mid \alpha_i, \ k_i)}{g_1(c_i \mid \alpha_i, \ k_i)} \dfrac{q_1(c_i \mid c_*)}{q_1(c_* \mid c_i)}\right\} \\ c_i & \text{其他} \end{cases}$$

$$(3.48)$$

步骤 3.2：从 $q_2(\alpha_* \mid \alpha_i)$ 产生 α_*，从 $U(0, \ 1)$ 产生 u。根据式

（3.49）更新 α_{i+1}：

$$\alpha_{i+1} = \begin{cases} \theta_2^{(*)} & \text{如果 } u \leqslant \min\left\{1, \dfrac{g_2(\alpha_* \mid c_{i+1}, k_i)}{g_2(\alpha_i \mid c_{i+1}, k_i)} \dfrac{q_2(\alpha_i \mid \alpha_*)}{q_2(\alpha_* \mid \alpha_i)}\right\} \\ \alpha_i & \text{其他} \end{cases}$$

$$(3.49)$$

步骤 3.3：从 $q_3(k_* \mid k_i)$ 产生 k_*，从 $U(0, 1)$ 产生 u。更新 k_{i+1} 根据下面的等式

$$k_{i+1} = \begin{cases} k_* & \text{如果 } u \leqslant \min\left\{1, \dfrac{g_3(k_* \mid c_{i+1}, \alpha_{i+1})}{g_3(k_i \mid c_{i+1}, \alpha_{i+1})} \dfrac{q_3(k_i \mid k_*)}{q_3(k_* \mid k_i)}\right\} \\ k_i & \text{其他} \end{cases}$$

$$(3.50)$$

步骤 4：基于损失函数的贝叶斯估计，$L(\widehat{c}_B, c) = (\widehat{c}_B - c)^2$，$L(\widehat{\alpha}_B, \alpha) = (\widehat{\alpha}_B - \alpha)^2$ 和 $L(\widehat{k}_B, k) = (\widehat{k}_B - k)^2$，可以获得参数估计值分别为：

$$\widehat{c}_B = \frac{1}{N - M} \sum_{i=M+1}^{N} c_i \tag{3.51}$$

$$\widehat{\alpha}_B = \frac{1}{N - M} \sum_{i=M+1}^{N} \alpha_i \tag{3.52}$$

$$\widehat{k}_B = \frac{1}{N - M} \sum_{i=M+1}^{N} k_i \tag{3.53}$$

此时 M 是截断次数。

实际上，对称转移概率函数的挑选是为了减少计算负担。本书中采用均匀分布 $q_1(c_* \mid c_i)$，$q_2(\alpha_* \mid \alpha_i)$，$q_3(k_* \mid k_i)$。

准确的分位数函数 $\widehat{x}_q$ 通过样本函数是可能被获得的，对于实际的应用，基于费舍尔信息矩阵 $\widehat{x}_q$ 的渐近抽样分布是很复杂的。因此考虑采用参数自举百分位数法实现自举过程得到 $\widehat{x}_q$ 的置信区间。算

法 2 给出了利用 Ⅱ 类截尾样本实现参数自举分位数法求 $\widehat{x}_q$ 置信区间的步骤。

算法 2：参数百分位自举过程。

第 1 步：由式(3.1)和式(3.2)中的最大似然估计 $\widehat{c}_B$，$\widehat{k}_B$ 和 $\widehat{\alpha}_B$，代替 c，k 和 α 的值，从 3pBurr-Ⅻ 分布中产生型 Ⅱ 设限自举抽样 y^*。通过算法 1 基于型 Ⅱ 设限抽样 y^*，定义 x_q 的最大似然函数值为 $\widehat{x_q^*}$。

第 2 步：重复第 1 步 B 次并定义由 $\widehat{x}_{q,i}^* = \widehat{\alpha}_{B,i}^* [(1-q)^{-1/\widehat{k}_{B,i}^*}-1]^{1/\widehat{c}_{B,i}^*}$ 对于 $i=1$，2，$\cdots$，B，获得的 $\widehat{x_q^*}'s$，在这里 B 是大的正整数，$\widehat{c}_{B,i}^*$，$\widehat{\alpha}_{B,i}^*$ 和 $\widehat{k}_{B,i}^*$ 是基于 i^{th} 自举抽样的 MH-MCMC 最大似然估计值。$\widehat{x_q}$ 的统计分布可以基于自举抽样 $\{\widehat{x_{q,1}^*}$，$\widehat{x_{q,2}^*}$，$\cdots$，$\widehat{x_{q,B}^*}\}$ 产生，定义为 $\widehat{G}_B$。

第 3 步：x_q 近似的置信区间定义为 $[\widehat{G}_B^{-1}(\gamma)$，$\widehat{G}_B^{-1}(1-\gamma)]$。

3.4.3 仿真模拟与性能比较

设随机样本数量是 n，来源于 3pBurr-ⅫD$(c$，k，$\alpha)$，两组分布分别为：（1）$c=7$，$\alpha=30$，$k=0.5$；（2）$c=2$，$\alpha=30$，$k=3$。由图 3.5 可以看出，当 $c=2$，$k=3$，$\alpha=30$ 时，3pBurr-Ⅻ 分布有重尾，显现出更大的偏斜。利用重尾的 3pBurr-ⅫD$(c=2$，$k=3$，$\alpha=30)$ 分布和轻尾的 3pBurr-ⅫD$(c=7$，$k=0.5$，$\alpha=30)$ 产生仿真资料。MLEs 的 c，α 和 k 通 MH-MCMC 方法。L-BFGS-B 方法是用来执行的 QN 算法，获得的 MLEs 被命名为 $\widehat{c}_{qN}$，$\widehat{\alpha}_{qN}$ 和 $\widehat{k}_{qN}$。MH-MCMC 方法执行由算法 1 到算法 3 采用 $N=10000$ 个链长，$M=1000$ 被截断。MH-MCMC 的 MLEs 被定义为 $\widehat{c}_B$，$\widehat{\alpha}_B$ 和 $\widehat{k}_B$，通过算法 1 无信息先验分布。对每一个样本数执行 100 次仿真针来获得平均统计，均方差(MSE)为 95% 的牛顿法的置信区间定义为 $(L_{qN,95}$，$U_{qN,95})$，均方差(MSE)为 95% 的 MH-MCMC 方法的置信区间定义为 $(L_{BN,95}$，$U_{BN,95})$。

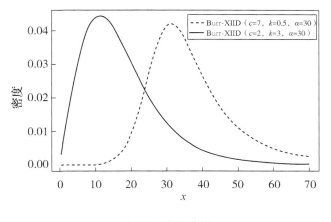

图 3.5　密度曲线

　　为做公平的比较，考虑转移概率函数 c 是服从均匀分布 $U(0,15)$。c 的牛顿最大似然估计值可以在区间$(0,15)$上找到。考虑转移概率函数 α 是服从均匀分布 $U(1,50)$。α 的牛顿最大似然估计值可以在区间$(1,50)$上可以找到。考虑转移概率函数 k 是服从均匀分布 $U(0,15)$。k 的牛顿最大似然估计值可以在区间$(0,15)$上找到。为了执行牛顿方法，c,α 和 k 的初始值可以通过 L-BFGS-B 方法得到，随机从均匀分布 $U(0,15)$，$U(1,50)$ 和 $U(0,15)$ 中产生。仿真结果针对 $n=15$，30，50，70 和 100 在表 3.16 至表 3.18 中给出，$\widehat{c}_B$，$\widehat{\alpha}_B$，$\widehat{k}_B$，$\widehat{c}_{qN}$，$\widehat{\alpha}_{qN}$ 和 $\widehat{k}_{qN}$ 的 95% 的置信区间。令 $\bar{\mu}_{i,B}$ 定义为 i 基于 100 次的 MH-MCMC 最大似然估计。当 $i=c$，α，k 的平均值，令 $\bar{\mu}_{i,qN}$ 是 i 基于 100 次的牛顿最大似然估计方法的平均值，当 $i=c$，α，k，从表 3.16 可以发现 $\bar{\mu}_{c,B}$ 和 $\bar{\mu}_{c,qN}$ 高估了真实的 c，但是 $\bar{\mu}_{c,B}$ 比 $\bar{\mu}_{c,qN}$ 更准确一些。

表 3.16　平均 100MLEs of c，sMSEs 95% 的置信区间针对不同样本数

| $c=7$，$\alpha=30$，$k=0.5$ | | | | | | | |
n	$\bar{\mu}_{c,B}$	MSE$(\widehat{c}_B)$	$L_{B,95}$	$U_{B,95}$	$\bar{\mu}_{c,qN}$	MSE$(\widehat{c}_{qN})$	$L_{qN,95}$	$U_{qN,95}$
15	7.065	2.714	5.102	9.906	8.844	20.902	4.002	15.000

续表

n	$\bar{\mu}_{c,B}$	MSE$(\widehat{c_B})$	$L_{B,95}$	$U_{B,95}$	$\bar{\mu}_{c,qN}$	MSE$(\widehat{c_{qN}})$	$L_{qN,95}$	$U_{qN,95}$
\multicolumn{9}{c}{$c=7$, $\alpha=30$, $k=0.5$}								
30	7.144	3.551	4.800	10.374	7.970	11.370	4.292	15.000
50	7.290	3.600	4.898	10.840	7.678	6.473	5.268	12.384
70	7.157	2.367	5.219	9.659	7.371	3.008	5.249	9.791
100	7.210	1.892	5.261	9.499	7.284	2.453	5.498	9.772
\multicolumn{9}{c}{$c=2$, $\alpha=30$, $k=3$}								
n	$\bar{\mu}_{c,B}$	MSE$(\widehat{c_B})$	$L_{B,95}$	$U_{B,95}$	$\bar{\mu}_{c,qN}$	MSE$(\widehat{c_{qN}})$	$L_{qN,95}$	$U_{qN,95}$
15	2.484	0.661	1.504	3.506	2.864	5.286	1.448	4.243
30	2.274	0.226	1.717	2.957	2.373	0.552	1.655	3.700
50	2.118	0.086	1.739	2.591	2.139	0.159	1.641	2.823
70	2.066	0.064	1.786	2.474	2.065	0.102	1.740	2.734
100	2.078	0.050	1.828	2.399	2.080	0.063	1.726	2.478

表 3.17　100 组 α 的最大似然估计的平均值及 95%置信区间

n	$\bar{\mu}_{\alpha,B}$	MSE$(\widehat{\alpha_B})$	$L_{B,95}$	$U_{B,95}$	$\bar{\mu}_{\alpha,qN}$	MSE$(\widehat{\alpha_{qN}})$	$L_{qN,95}$	$U_{qN,95}$
\multicolumn{9}{c}{$c=7$, $\alpha=30$, $k=0.5$}								
15	34.140	35.145	27.586	40.479	34.003	90.873	24.210	50.000
30	33.333	32.291	26.437	42.123	32.576	49.280	24.897	47.478
50	32.379	20.867	27.014	38.695	31.430	20.334	26.332	38.464
70	31.698	14.127	26.907	37.194	30.663	8.448	26.601	34.517
100	30.848	7.636	27.243	35.676	30.299	5.413	26.837	34.195
\multicolumn{9}{c}{$c=2$, $\alpha=30$, $k=3$}								
n	$\bar{\mu}_{\alpha,B}$	MSE$(\widehat{\alpha_B})$	$L_{B,95}$	$U_{B,95}$	$\bar{\mu}_{\alpha,qN}$	MSE$(\widehat{\alpha_{qN}})$	$L_{qN,95}$	$U_{qN,95}$
15	29.735	16.834	22.465	35.131	35.396	287.493	10.551	50.000
30	30.413	28.134	20.069	37.247	33.505	257.506	11.983	50.000
50	30.954	34.031	20.393	38.538	34.044	226.752	14.169	50.000
70	32.912	38.624	22.387	39.830	35.942	199.584	15.759	50.000
100	31.878	34.341	21.434	39.378	32.615	141.249	18.096	50.000

表 3.18　100 组 k 的最大似然估计的平均值及 95% 置信区间

$c=7$, $\alpha=30$, $k=0.5$								
n	$\bar{\mu}_{k,B}$	$\mathrm{MSE}(\hat{k}_B)$	$L_{B,95}$	$U_{B,95}$	$\bar{\mu}_{c,qN}$	$\mathrm{MSE}(\hat{k}_{qN})$	$L_{qN,95}$	$U_{qN,95}$
15	0.957	0.510	0.346	1.735	1.044	2.393	0.161	3.714
30	0.813	0.313	0.297	1.719	0.754	0.608	0.183	2.309
50	0.698	0.147	0.271	1.327	0.600	0.135	0.203	1.159
70	0.657	0.103	0.323	1.139	0.552	0.050	0.273	0.848
100	0.587	0.054	0.316	0.983	0.529	0.029	0.311	0.786
$c=2$, $\alpha=30$, $k=3$								
n	$\bar{\mu}_{k,B}$	$\mathrm{MSE}(\hat{k}_B)$	$L_{B,95}$	$U_{B,95}$	$\bar{\mu}_{c,qN}$	$\mathrm{MSE}(\hat{k}_{qN})$	$L_{qN,95}$	$U_{qN,95}$
15	3.355	1.376	1.665	5.350	5.235	24.393	0.471	15.000
30	3.446	1.394	1.704	5.317	4.332	12.111	0.760	10.209
50	3.324	1.210	1.844	5.204	3.984	7.445	0.985	8.437
70	3.654	1.471	2.070	5.128	4.303	7.571	1.172	8.006
100	3.431	1.040	1.860	4.902	3.654	4.134	1.357	6.984

从表 3.17 可以看见 $\bar{\mu}_{\alpha,B}$ 和 $\bar{\mu}_{\alpha,qN}$ 的比较结果，对于 3pBurr-XII D ($c=7$, $\alpha=30$, $k=0.5$) 两组平均值都略高于真实的 α。对于参数组 $c=2$, $\alpha=30$, $k=3$，参数 α 的比较，牛顿法更差一点，带有大的过高的偏差以及大的均方误差 MSE，统计结果不能被接受。MH-MCMC 产生了更可靠的估计结果，对于 α 有较小的偏差和均方误差 MSE。总的来说，MH-MCMC 的均方差随着样本数的波动是不稳定的，但是均方差是可接受的，并且比牛顿的小。如果操作者有很好的历史信息，那么 α 的定义域将不考虑 1~50，会得到可靠的估计值。所提出的 MH-MCMC 统计过程执行将宽余 1~50。同时也会得到更宽泛的 α 的值。

从图 3.6 可以看出，当样本在小数量以及中间数量的时候，牛顿法产生的置信度为 95% 的区间要比 MH-MCMC 方法产生的区间要逐渐变宽一些。当样本数量超过 70 或者更多的时候 MH-MCMC 方法和牛顿法比较有竞争。比较 MH-MCMC 方法，图 3.7 证明 QN 方法比 MH-

MCMC 方法产生了更宽的波段。当样品数增加到 100 的时候，QN 方法估计的 α 的不准确性没有得到改善。

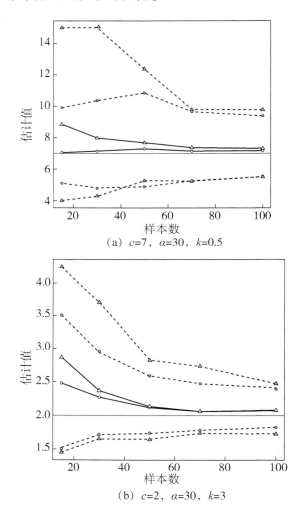

（a）$c=7$，$\alpha=30$，$k=0.5$

（b）$c=2$，$\alpha=30$，$k=3$

图 3.6　在不同样本数量下 c 的 95% 的置信区间

实线 "–o–" 表示 $\bar{\mu}_{c,B}$；虚线 " – –o– – " 表示（$L_{B,95}$，$U_{B,95}$）的 95% 的置信区间；

实线 "–△–" 表示 $\bar{\mu}_{c,qN}$，定义 "…△…" 表示（$L_{qN,95}$，$U_{qN,95}$）的 95% 的置信区间

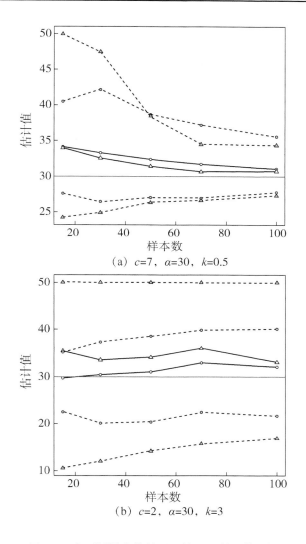

（a）$c=7$，$\alpha=30$，$k=0.5$

（b）$c=2$，$\alpha=30$，$k=3$

图 3.7　在不同样本数量下 α 的 95% 的置信区间

实线 "-o-" 表示 $\bar{\mu}_{\alpha,B}$，虚线 "--o--" 表示 $(L_{B,95}，U_{B,95})$ 的 95% 的置信区间；

实线 "-△-" 表示 $\bar{\mu}_{\alpha,qN}$，$\bar{\mu}_{c,qN}$，定义 "…△…" 表示 $(L_{qN,95}，U_{qN,95})$ 的 95% 的置信区间

　　图 3.8 表示牛顿的 k 估计值，当样本是 50 或者更大，发现拟牛顿法是可信的。当样本数量小于 50，拟牛顿法得到的最大似然估计值将不再准确。MH-MCMC 可以替换拟牛顿法寻找 k 的最大似然估计值。仿真结果表明当样本数从 15 到 50 的时候，MH-MCMC 可以产生可靠

的估计值。

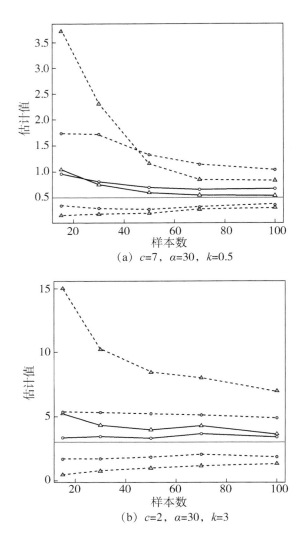

(a) $c=7$, $\alpha=30$, $k=0.5$

(b) $c=2$, $\alpha=30$, $k=3$

图 3.8　在不同样本数量下 k 的 95% 的置信区间

实线"–o–"表示 $\bar{\mu}_{k,B}$，虚线"– –o– –"表示 $(L_{B,95}, U_{B,95})$ 的 95% 的置信区间；

实线"–△–"表示 $\bar{\mu}_{k,qN}$，定义"…△…"表示 $(L_{qN,95}, U_{qN,95})$ 的 95% 的置信区间

从图 3.6 中可以看出，在求解参数 c 的过程中，在第一组参数设置中：$c=7$，$\alpha=30$，$k=0.5$，在第二组参数设置中：$c=2$，$\alpha=30$，$k=3$。由 MH-MCMC 方法得到 c 的点估计距离真实值最接近。由牛顿法

获得的 c 的估计值距离真实值稍微偏远一些。由 MH-MCMC 方法得到的 c 区间估计范围小于由牛顿法获得的 c 区间估计值范围。因此可以得出结论，无论是点估计还是区间估计，MH-MCMC 方法都要优于牛顿法估计。

第一组参数设置为：$c=7$，$\alpha=30$，$k=0.5$；第二组参数设置为：（b）$c=2$，$\alpha=30$，$k=3$。从图 3.7 中可以对比看出，在求解参数 α 的过程中，由 MH-MCMC 方法得到的 α 的点估值，距离真实值最为接近。由牛顿法获得的 α 的估计值，距离真实值则稍微偏远一些。由 MH-MCMC 方法得到的 α 区间估计范围明显地小于由牛顿法获得的 α 区间估计值范围。因此可以得到结论，无论是点估计还是区间估计，MH-MCMC 方法都要优于牛顿法估计。

从图 3.8 中可以看出，在求解参数 k 的过程中，在第一组参数设置中：$c=7$，$\alpha=30$，$k=0.5$，在第二组参数设置中：$c=2$，$\alpha=30$，$k=3$。由 MH-MCMC 方法得到的 k 的点估计距离真实值最接近。由牛顿法获得的 k 的估计值距离真实值稍微偏远一些。由 MH-MCMC 方法得到的 k 区间估计范围小于由牛顿法获得的 k 区间估计值范围。因此可以得出结论，无论是点估计还是区间估计，MH-MCMC 方法都要优于牛顿法估计。

仿真研究是评价 MH-MCMC 方法在不同样本量和截尾组合下获得 3pBurr-XII D 参数的可靠 MLEs 的性能。考虑参数组合 $(c, \alpha, k) = (1.5, 3, 5)$，$(5, 3, 1.5)$，$(1.5, 6, 5)$ 和 $(5, 6, 1.5)$ 实现蒙特卡罗模拟样本大小 $n=30$，50，100 和 200，审查利率 $CR=0.1$，0.2，0.3 和 0.4。当执行 MH-MCMC 过程时，使用 $N=5000$ 个马尔可夫链，其中第一个 $M=500$ 个链用于截断。假设马尔可夫链由正态转移概率函数生成，其均值接近真参数。意味着正常的转移概率函数在每个模拟运行从均匀分布随机生成，参数 c，k 和 α 的域为 $U(0.8 \times c, 1.2c)$，U

$(0.8 \times \alpha, 1.2\alpha)$ 和 $U(0.8 \times k, 1.2k)$ 为，正态跃迁概率的所有标准差取 1。通过 1000 次仿真运行，对各参数的 MH-MCMC 估计的偏置和均方误差（MSE）进行了评估。所有仿真结果见表 3.19 至表 3.21。

表 3.19　基于 $(c, \alpha, k) = (1.5, 3, 5)$，不同的 n 和 CR，MH-MCMC 估计的偏差和均方差

利率 （CR）	样本 大小 （n）	Bias				MSE			
		$\widehat{c_m}$	$\widehat{\alpha_m}$	$\widehat{k_m}$	$\widehat{x_{m,0.5}}$	$\widehat{c_m}$	$\widehat{\alpha_m}$	$\widehat{k_m}$	$\widehat{x_{m,0.5}}$
0.1	200	−0.0191	0.1688	0.2245	0.0034	0.0061	0.1016	0.2127	0.0026
	100	0.0369	0.1834	0.2300	0.0453	0.0163	0.1051	0.1349	0.0072
	50	0.1780	0.1169	0.2352	0.1193	0.0654	0.1084	0.1079	0.0240
	30	0.5636	−0.2396	0.4148	0.1906	0.4007	0.1566	0.2013	0.0480
0.2	200	0.0908	−0.4751	−0.8002	0.0094	0.0220	0.3018	0.8157	0.0024
	100	0.0681	−0.1977	−0.9843	0.1168	0.0272	0.1148	0.9546	0.0176
	50	−0.0656	−0.1258	−1.1052	0.0709	0.0312	0.0968	1.3041	0.0179
	30	−0.0725	−0.1230	−1.1513	0.0740	0.0454	0.1134	1.4111	0.0275
0.3	200	−0.1496	0.4794	−0.2805	0.0402	0.0318	0.3498	0.1975	0.0051
	100	−0.0302	0.5423	−0.3701	0.1718	0.0232	0.4210	0.2122	0.0371
	50	−0.0635	0.5999	−0.4494	0.1715	0.0337	0.4900	0.2660	0.0444
	30	−0.0392	0.7168	−0.5657	0.2457	0.0470	0.6537	0.3988	0.0887
0.4	200	−0.0612	0.1686	−0.0719	0.0027	0.0165	0.1355	0.1076	0.0033
	100	0.0038	0.0665	−0.0413	0.0156	0.0228	0.1294	0.0701	0.0061
	50	0.0788	−0.3263	0.0979	−0.0716	0.0492	0.2651	0.0550	0.0123
	30	0.2491	−0.2602	0.0653	0.0531	0.1223	0.2176	0.0303	0.0173

表 3.20　基于 $(c, \alpha, k) = (5, 3, 1.5)$，不同的 n 和 CR，MH-MCMC 估计的偏差和均方差

利率 （CR）	样本 大小 （n）	Bias				MSE			
		$\widehat{c_m}$	$\widehat{\alpha_m}$	$\widehat{k_m}$	$\widehat{x_{m,0.5}}$	$\widehat{c_m}$	$\widehat{\alpha_m}$	$\widehat{k_m}$	$\widehat{x_{m,0.5}}$
0.1	200	−0.0941	0.2465	0.6142	−0.0113	0.1543	0.1389	0.7223	0.0038
	100	−0.0720	0.0462	0.6943	−0.2011	0.1574	0.0516	0.6075	0.0422
	50	−0.5671	0.1282	0.6040	−0.1675	0.5170	0.0675	0.4872	0.0430
	30	−0.3669	0.1506	0.5637	−0.1107	0.5292	0.1004	0.4844	0.0468

续表

利率 (*CR*)	样本大小 (*n*)	Bias				MSE			
		$\widehat{c}_m$	$\widehat{\alpha}_m$	$\widehat{k}_m$	$\widehat{x}_{m,0.5}$	$\widehat{c}_m$	$\widehat{\alpha}_m$	$\widehat{k}_m$	$\widehat{x}_{m,0.5}$
0.2	200	0.0933	0.0554	0.3161	−0.0528	0.1842	0.0916	0.4437	0.0064
	100	−0.1238	−0.0582	0.2753	−0.1579	0.1894	0.0733	0.3082	0.0322
	50	−0.2828	−0.1024	0.3155	−0.2265	0.2592	0.0577	0.2244	0.0640
	30	−0.0103	−0.0792	0.4197	−0.2211	0.1982	0.0409	0.2551	0.0658
0.3	200	−0.3212	0.1819	0.1838	0.0784	0.2307	0.1365	0.3306	0.0109
	100	−0.1045	0.2535	0.2455	0.1228	0.1656	0.1240	0.2221	0.0231
	50	−0.2390	0.1699	0.2313	0.0432	0.2283	0.0766	0.1813	0.0269
	30	−0.3266	0.1916	0.2095	0.0604	0.2831	0.0761	0.0973	0.0273
0.4	200	0.2053	0.2068	0.5503	0.0123	0.2222	0.1214	0.6735	0.0040
	100	0.7236	0.0729	0.5857	−0.0761	0.7340	0.0506	0.5604	0.0119
	50	0.4239	0.3516	0.4499	0.1741	0.4344	0.1743	0.3214	0.0464
	30	0.6855	0.3725	0.4891	0.1983	0.7103	0.1780	0.3078	0.0617

表 3.21　基于 (*c*, *α*, *k*) = (1.5, 6, 5)，不同的 *n* 和 *CR*，MH-MCMC 估计的偏差和均方差

利率 (*CR*)	样本大小 (*n*)	Bias				MSE			
		$\widehat{c}_m$	$\widehat{\alpha}_m$	$\widehat{k}_m$	$\widehat{x}_{m,0.5}$	$\widehat{c}_m$	$\widehat{\alpha}_m$	$\widehat{k}_m$	$\widehat{x}_{m,0.5}$
0.1	200	0.0236	−0.3450	−0.0947	−0.0436	0.0060	0.2027	0.1104	0.0103
	100	−0.1111	−0.2809	−0.3441	−0.1511	0.0128	0.1572	0.2433	0.0400
	50	−0.0111	−0.3625	−0.2098	−0.0680	0.0189	0.2227	0.1833	0.0401
	30	0.0537	−0.5418	−0.0195	−0.0855	0.0367	0.4208	0.1254	0.0594
0.2	200	0.0671	−0.1774	0.1116	0.0135	0.0114	0.1265	0.0985	0.0085
	100	0.0963	−0.1408	0.0426	0.0772	0.0235	0.1234	0.0867	0.0241
	50	0.1059	−0.2758	0.1181	0.0288	0.0346	0.2076	0.1052	0.0314
	30	0.0678	−0.3953	0.1639	−0.0684	0.0377	0.3070	0.1122	0.0545
0.3	200	0.0962	−0.4866	−0.2407	0.0421	0.0184	0.3370	0.1842	0.0122
	100	0.1228	−0.5042	−0.2255	0.0638	0.0312	0.3581	0.1573	0.0240
	50	0.2665	−0.7234	−0.0433	0.1080	0.1078	0.6540	0.0827	0.0453
	30	0.3262	−0.8374	0.0077	0.1169	0.1583	0.8563	0.0679	0.0618

续表

利率 （CR）	样本 大小 （n）	Bias				MSE			
		$\widehat{c}_m$	$\widehat{\alpha}_m$	$\widehat{k}_m$	$\widehat{x}_{m,0.5}$	$\widehat{c}_m$	$\widehat{\alpha}_m$	$\widehat{k}_m$	$\widehat{x}_{m,0.5}$
0.4	200	−0.0544	0.2101	−0.2961	0.0555	0.0102	0.1461	0.2017	0.0166
	100	−0.0908	0.1054	−0.2009	−0.0551	0.0193	0.1089	0.1511	0.0253
	50	−0.1160	0.0573	−0.2210	−0.1015	0.0321	0.1190	0.1900	0.0545
	30	0.0370	0.1294	−0.2984	0.1611	0.0388	0.1390	0.2220	0.1046

表 3.22　基于 $(c, \alpha, k) = (5, 6, 1.5)$，不同的 n 和 CR，MH-MCMC 估计的偏差和均方差

利率 （CR）	样本 大小 （n）	Bias				MSE			
		$\widehat{c}_m$	$\widehat{\alpha}_m$	$\widehat{k}_m$	$\widehat{x}_{m,0.5}$	$\widehat{c}_m$	$\widehat{\alpha}_m$	$\widehat{k}_m$	$\widehat{x}_{m,0.5}$
0.1	200	0.1960	−0.0806	0.2486	−0.2243	0.1460	0.1507	0.2304	0.0610
	100	−0.1256	−0.0925	0.2527	−0.2893	0.1468	0.1293	0.1753	0.1088
	50	0.1310	−0.0539	0.3742	−0.3006	0.1765	0.1676	0.2130	0.1240
	30	−0.0262	0.0668	0.2218	−0.1108	0.1831	0.1784	0.1045	0.1789
0.2	200	0.7095	0.2432	0.6684	−0.1173	0.6271	0.1767	0.6778	0.0233
	100	0.6695	0.0943	0.7582	−0.3006	0.6162	0.0861	0.6088	0.0868
	50	0.3680	0.2184	0.6781	−0.2116	0.3245	0.1099	0.5222	0.0815
	30	0.0723	0.1768	0.5975	−0.2548	0.1943	0.1048	0.4069	0.1297
0.3	200	−0.0688	−0.4489	−0.1353	−0.2529	0.1719	0.4277	0.1766	0.0815
	100	−0.1123	−0.4748	−0.2788	−0.1516	0.2185	0.4027	0.1665	0.0950
	50	0.3463	−0.3908	−0.0383	−0.2666	0.3332	0.2464	0.0648	0.1217
	30	0.5588	−0.5029	0.0667	−0.4296	0.5265	0.3297	0.0595	0.2524
0.4	200	0.4286	0.3451	0.7208	−0.1028	0.3304	0.2516	0.7492	0.0219
	100	0.1558	0.4130	0.6473	−0.0694	0.2173	0.2763	0.5327	0.0303
	50	0.0713	0.4186	0.5957	−0.0549	0.2597	0.2535	0.4141	0.0547
	30	0.3381	0.3113	0.6731	−0.1385	0.3617	0.1796	0.4946	0.0902

从表 3.19 至表 3.21 中可以发现，所提出的 MH-MCMC 方法的估计性能取决于样本量和截尾率。由于需要估计三个参数，所以个体的 MSE 可以沿样本量的增加振荡而不随样本量的增加而减小。但随着样

本量的增加，所提出的 MH-MCMC 方法的总体估计性能有所提高。由这一事实可以看出 $\widehat{x}_{m,0.5}$ 的 MSE 的估计值取决于 $\widehat{c}_m$，$\widehat{\alpha}_m$ 和 $\widehat{k}_m$ 的最大似然函数，将随着样本容量的增加而减少。表 3.21 表明，$\widehat{x}_{m,0.5}$ 最大似然估计随着样本容量的增加而减少。为了保证 MH-MCMC 程序的偏差和 MSE 较小，当截尾率等于或小于 0.40 时，需要 50 或 50 以上的 II 型截尾样本对中值进行可靠估计。

抽油杆作为抽油机井中的重要机械部件，在使用过程中，长期承受交变疲劳载荷的作用，加之井内液体腐蚀、施工以及使用年限等原因，造成抽油杆疲劳破坏失效。现场数据显示抽油杆过渡段和杆头螺纹段发生的疲劳断裂破坏居多。目前很多学者针对抽油杆进行了大量的可靠性研究，主要从疲劳损伤力学理论角度进行微观定量分析。一是基于断裂力学的疲劳裂纹扩展剩余寿命预测方法；二是基于疲劳累积损伤理论的疲劳寿命的预测方法。这两种方式对抽油杆的寿命进行了有效的研究，但主要依托的是实验方式和理论研究。

本章根据油田现场收集的资料进行统计分析，从统计学角度出发，建立了抽油杆寿命预测模型，通过差分算法和牛顿算法获得了 Burr-XII 分布参数的最大似然估计。仿真结果证明了在偏差(Bias)和均方差(MES)两个评价指标上，差分算法优于牛顿算法。验证了抽油杆作业周期服从 Burr-XII 分布，采用差分算法求解抽油杆寿命预测模型的参数估计。通过现场数据与仿真数据的对比，验证了模型的有效性。

确定了抽油杆的寿命分布及失效率函数。基于油田工况环境复杂，杆管泵在井下不同介质中承受压力不同，导致不同工况条件下抽油杆发生故障的分布规律不尽相同。因此基于不同区块、不同冲程和冲次等客观条件下，分别建模。获得了三组抽油杆模型的参数估计值。第一组：$\widehat{c}_{D1} = 3.398$，$\widehat{k}_{D1} = 0.636$；第二组：$\widehat{c}_{D2} = 3.568$，$\widehat{k}_{D2} = 0.666$；第三组：$\widehat{c}_{D3} = 3.5567$，$\widehat{k}_{D3} = 0.886$。对于抽油杆来说，$\widehat{x}_p$ 可以直接用于可靠性推断问题。当分位数取值为 5th，10th，15th，20th，25th 和 50th 时，第一组 $\widehat{x_p}$ 的 MLEs 预测值为：145，199，232，262，321，484（天）。第二组 $\widehat{x_p}$ 的 MLEs 预测值为：100，170，215，245，264，388（天）。第三组 $\widehat{x_p}$ 的 MLEs 预测值为 213，232，271，282，294，378（天）。同时，可以基于抽油杆工作时间，计算出抽油杆即将失效的概率。以第一组数据为例，当抽油杆工作 145 天的时候，抽油杆出现故障的可能性只有 5%，当抽油杆工作 199 天的时候，抽油杆出现故障的可能性为 10%，当抽油杆工作 232 天的时候，抽油杆出现故障的可能性有 15%，依此可以推断，当抽油杆工作 484 天的时候，抽油杆出现故障的可能性将达到 50%。反过来也可以进行控制计算，根据抽油杆工作的状态，控制故障可能性，根据 $\widehat{x_p}$ 值得到最佳维护周期。通过对抽油杆模型的可靠性分析，为后续油田工作的实施提供了一定的理论指导和依据。

基于现场数据，判定抽油杆的寿命受工作环境和工作状态的影响很大。随着数据量的逐年增加，考虑可以从海量的数据中提取具体的有效数据，根据每口作业井的历史数据和模型计算得到具体工况条件抽油杆的寿命分布，那么在下井前可以比较准确的预判该井抽油杆失效时间以及任意时间发生失效的概率，为后续措施提供积极有效的参考。

第4章 基于混合设限条件下广义半正态分布模型油管可靠性分析

4.1 某区块机采井油管故障统计分析

在石油开采中，抽油泵采油的油井中油管的失效率一直占有很高的比率，油管的失效是造成抽油井检泵的原因之一。油管失效的原因非常复杂，除油管本身质量(结构特点、材料和制造工艺等)外，还包括其他因素，如采油区的地质特点、抽汲速度、井液中水和腐蚀物质的含量以及管理过程中的存放和检验等，而这些因素都是随机的，所以油管的使用寿命是这些因素综合作用的一个随机变量。为了保证油管的安全使用，提高其使用寿命，对油管进行可靠性分析是必要的。

根据大庆油田某区块 2013 年至 2018 年查井史和油井检泵作业记录，分别对水驱、聚合物驱、三元驱油管故障类型进行统计分析，计算出油管断脱的主要因素的百分比，为后续进行可靠性分析做出必要的数据分析。根据查井史和油井检泵作业记录，水驱抽油机作业 2309 井次，聚合物驱抽油机作业 1550 井次，三元驱抽油机作业 97 井次。根据作业记录，油管失效形式主要分为油管本体断失效及油管链接部位失效；油管本体失效主要分为断裂和偏磨；油管连接失效主要分为外螺纹失效以及接箍失效。

根据水驱、聚合物驱和三元驱三种驱替方式，对大庆油田某区块 6 年来，由于抽油管故障或失效原因造成检泵的抽油机井进行统计研究，首先根据历史资料统计出失效井 1837 口，包括本体断裂 93 口、外螺纹失效井 876 口、接箍失效井 19 口以及偏磨漏井 849 口，从数据中可明显观察到外螺纹失效和偏磨漏占主要失效原因。统计出年平均失效次数分别为 16 次、146 次、3 次以及 141 次，抽油杆不同失效形式的失效率分别为 5.06 %，5.06 %，5.06 % 和 46.22 %，具体统计结果见表 4.1 至表 4.3。

表 4.1　水驱抽油管失效类型统计表

失效类型	失效井数(口)	年平均失效井数(口)	失效井占总井数比例(%)
本体断	93	16	5.06
外螺纹失效	876	146	5.06
接箍失效	19	3	5.06
偏磨漏	849	141	46.22

表 4.2　聚合物驱抽油管失效类型统计表

失效类型	失效井数(口)	年平均失效井数(口)	失效井占总井数比例(%)
本体断	208	35	19.59
外螺纹失效	512	85	48.21
接箍失效	14	2	1.32
偏磨漏	328	55	30.89

表 4.3　三元驱抽油管失效类型统计表

失效类型	失效井数(口)	年平均失效井数(口)	失效井占总井数比例(%)
本体断	24	4	24.00
外螺纹失效	44	7	44.00
偏磨漏	32	5	47.06

4.2　基于混合设限下广义半正态分布模型

4.2.1　遗传算法

遗传算法(Genetic Algorithms，GA)是由美国密歇根大学的 John H.

Holland 教授及其学生于 20 世纪 60 年代末到 70 年代初提出的。1975年，Holland 教授出版了著作《Adaptation in Natural and Artificial Systems》，该书系统地阐述了遗传算法的基本理论和方法，提出了对遗传算法的理论发展极为重要的模版理论，首次确认了选择、交叉、变异等算子，并将遗传算法应用于函数优化、适应性系统模拟、机器学习等领域。

De Jong 基于遗传算法的思想进行了很多的纯数值函数优化计算实验，设计了一些遗传算法的性能评价指标和执行策略，对遗传算法性能作了大量的分析。而且他精心挑选的 5 个试验函数是目前遗传算法数值试验中用得最多的试验函数。在一系列研究工作的基础上，20 世纪 80 年代由 Goldberg 进行归纳总结，形成了遗传算法的基本框架。近年来，由于遗传算法求解复杂优化问题的巨大潜力及其在工业工程、人工智能和自动控制等各个领域的成功应用，该算法得到了广泛的关注。

遗传算法的思想主要源于达尔文生物进化论中自然选择以及遗传学机理衍生出来的一种计算模型，主要通过模拟自然进化过程来搜索最优解的方法。大自然生物进化过程的规律是"物竞天择，适者生存"。遗传算法是从可以体现问题解集的一个种群开始，这个种群经过基因编码的一定数目的个体组成。每个个体实际上是染色体带有特征的实体。染色体作为遗传物质的重要载体，即多个基因的集合，其内部表现（即基因型）是某种基因组合，它决定了个体的形状的外部表现。在一开始需要实现从表现型到基因型的映射即编码工作。初始种群产生之后，按照适者生存和优胜劣汰的原理，逐代演化产生出越来越好的近似解，在每一代，根据问题域中个体的适应度大小选择个体，并借助于自然遗传学的遗传算子进行组合交叉和变异，产生出代表新的解集的种群。这个过程将导致种群像自然进化一样的后生代种群比前代更加适应于环境，末代种群中的最优个体经过解码，可以作为问题近似最优解。

4.2.1.1 适应度函数

遗传算法在进化搜索中基本不用外部信息，仅用目标函数即适应度函数为依据。遗传算法的目标函数不受连续可微的约束且定义域可以为任意集合。对适应度函数的唯一要求是，对于输入，能计算出可以进行比较的非负结果，这是比例选择算子的要求。适应度函数值是选择操作的主要依据，适应度函数的设计直接影响到遗传算法的性能的优劣。

对于给定的很多优化问题，目标函数可能有正有负，有的也可能是复数值，因此需要建立适应度函数与目标函数的映射关系，保证映射后的适应度值是非负的，而且目标函数的优化方向应对应于适应度值增大的方向。

对最小化问题，建立如下适应函数和目标函数的映射关系：

$$f(x) = \begin{cases} c_{max} - g(x) & 若 g(x) < c_{max} \\ 0 & 若 g(x) \leqslant c_{max} \end{cases} \tag{4.1}$$

其中，c_{max}可以是一个输入值或是理论上的最大值，c_{max}随着代数会有变化。

对于最大化问题，一般采用以下映射：

$$f(x) = \begin{cases} g(x) - c_{min} & 若 g(x) > c_{min} \\ 0 & 若 g(x) \leqslant c_{min} \end{cases} \tag{4.2}$$

其中，c_{min}可以是一个输入值或是理论上的最小值，c_{min}随着代数会有变化。

4.2.1.2 遗传算子

遗传操作是模拟生物基因遗传的操作。包括三个基本遗传算子：

选择算子、交叉算子和变异算子。

（1）选择算子。

从群体中选择优胜个体，淘汰劣质个体的操作叫选择。选择算子有时又称为再生算子。选择即从当前群体中选择适应度值高的个体以生成配对的过程。为了防止由于选择误差，或者交叉和变异的破坏作用而导致当前群体的最佳个体在下一代的丢失，De Jong 提出了精英选择策略和代沟的概念。Holland 等提出了稳态选择策略。

（2）交叉算子。

交叉操作时进化算法中遗传算法具有原始性的独有特征。GA 交叉算子时模仿自然界有性繁殖的基因重组过程，其作用在于将已有的优良基因遗传给下一代个体。对于某些问题要求采用具有显著物理含义的特殊编码方式，可以根据 GA 进化的困难程度适当应用。

（3）变异算子。

变异操作模拟自然界生物体进化中染色体上某位基因发生的突变现象，从而改变染色体的结构和物理性状。在遗传算法中，变异算子通过变异概率随机等位基因的二进制字符值来实现。变异操作作用于个体位的等位基因上，由于变异概率比较小，在实施过程中一些个体可能不发生一次变异，进而造成计算资源的浪费。因此，在 GA 具体应用中，可以采用一种变通措施，首先进行个体层次的变异发生的概率判断，然后再实施基因层次上的变异操作。

遗传算法的基本步骤：

第 1 步，选择编码方式，把参数集合 X 和域，转换为位串结构空间 S；

第 2 步，定义适应度函数 $f(X)$；

第 3 步，确定遗传规则，包括群体规模，选择、交叉、变异算子及其概率；

第 4 步，生成初始种群 P；

第 5 步，计算群体中各个体的适应度值；

第 6 步，按照遗传规则，将遗传算子作用于种群，产生下一代种群；

第 7 步，迭代终止判定。

遗传算法涉及六大要素：参数编码、初始群体的设定、适应度函数的设计、遗传操作的设计、控制参数的设定、迭代终止条件。

4.2.2 模型参数估计

4.2.2.1 混合设限下广义半正态分布

型 Ⅰ 设限主要针对时间设限，于事先设定的终止时间 T 停止试验。令失效个数为 m，且失效的产品寿命记为 $x_{1:n} \leqslant x_{2:n} \leqslant \cdots \leqslant x_{m:n}$，尚存活的个体寿命因时间设限条件无法精确量测，只确定其寿命超过试验停止时间 $\{X > T\}$。因为试验停止时无法确定有多少个组件失效，此时失效的个数 m 为随机变量，时间 T 是固定值，称作型 Ⅰ 设限数据，此种搜集数据的方法又称型 Ⅰ 设限测试法。

型 Ⅱ 设限主要针对样本数设限，事先规定样本数量 r，先默认希望观测到的失效产品个数，令失效个体的寿命记为 $x_{1:n} \leqslant x_{2:n} \leqslant \cdots \leqslant x_{r:n}$。因为不确定最后一个失效个体的失效时间，因此试验的停止时间 T 为随机变数，当试验停止时，尚存活的个体寿命无法精确量测到具体的失效数据，只能确定其寿命超过试验停止时间 $\{X > x_{r:n}\}$。这一类型的数据为失效设限数据，又称为型 Ⅱ 设限数据，此种搜集数据的方法又称型 Ⅱ 设限测试法。

混合设限方案是型 Ⅰ 和型 Ⅱ 两种设限方案的组合。混合设限方案是两种设限方式的混合方式，先达到的型 Ⅰ 设限时间，或者是型 Ⅱ 事先规定的设限数目，以先到达的时间为混合设限试验方案被停止时间。

因此混合设限方案被停止的时间为随机时间$(X_{r:n}, T)$，在这里$X_{i:n}$是第i个产品的失效时间，$1 \leq i \leq n$。型Ⅰ和型Ⅱ设限方案是混合型Ⅰ设限方案的特殊情况。统计数据是两种情况中的一种，如果$X_{r:n} < T$，则数据为$\{X_{1:n}, X_{2:n}, \cdots, X_{r:n}\}$。如果$X_{r:n} > T$并且$m > r$，则数据为$\{X_{1:n}, X_{2:n}, \cdots, X_{m:n}\}$。

因为基于混合型Ⅰ设限方案的目标函数复杂，因此获得参数的最大似然估计是非常困难的。在本章里将采用差分和遗传两种方法分别获得广义半正态参数估计值。2008 年，K. Cooray 和 M. M. A. Ananda 第一次提出广义半正态分布，该分布基于磨损影响元件寿命，因此被广泛应用于工程中模拟带有磨损性质的寿命预测模型，符合油田机械的疲劳工作的实际情况。因此本章基于油管的失效特点，选择广义半正态分布（GHN）模型对油管寿命进行建模分析。

令X是产品的寿命，服从广义半正态分布，广义半正态的概率密度函数为：

$$f(x; \alpha, \beta) = \sqrt{\frac{2}{\pi}} \left(\frac{\alpha}{x}\right) \left(\frac{x}{\beta}\right)^{\alpha} \exp\left[-\frac{1}{2}\left(\frac{x}{\beta}\right)^{2\alpha}\right] \quad x > 0, \ \alpha > 0, \ \theta > 0$$

$$(4.3)$$

在这里α形状参数，β是大小因子。将方程(4-3)执行参数转换，通过$\theta = \beta^{-2\alpha}$，可以获得：

$$f(x; \alpha, \theta) = \sqrt{\frac{2}{\pi}} \alpha \sqrt{\theta}\, x^{\alpha-1} \exp\left(-\frac{1}{2}\theta x^{2\alpha}\right) \quad x > 0, \ \alpha > 0, \ \theta > 0$$

$$(4.4)$$

累积分布函数为：

$$F(x; \alpha, \theta) = 2\Phi(\sqrt{\theta}\, x^{\alpha}) - 1 = 1 - 2\Phi(-\sqrt{\theta}\, x^{\alpha})$$

$$x > 0, \ \alpha > 0, \ \theta > 0 \quad (4.5)$$

GHN 的生存函数可被获得：

$$S(x;\ \alpha,\ \theta) = 1 - F(x;\ \alpha,\ \theta) = 2[1 - \Phi(\sqrt{\theta}x^\alpha)] = 2\Phi(-\sqrt{\theta}\ x^\alpha) \quad (4.6)$$

4.2.2.2　广义半正态分布型 I 设限下抽样模型[10]

设混合型 I 设限抽样次序统计量为：$X_{1:n} \leqslant X_{2:n} \leqslant \cdots \leqslant X_{a:n}$，如果 $X_{r:n} < T$，此时 $a = r$；$a = m$ 如果 $m < r$，$X_{(m+1):n} > T$，则 $a = m$。由此可以获得混合型 I 设限样本的似然函数为：

$$L(\alpha,\ \theta) = \prod_{i=1}^{a} f(x_{i:n};\ \alpha,\ \theta) [S(x_{a:n};\ \alpha,\ \theta)]^{n-a}$$

$$= 2^{n-a/2}\ \pi^{-a/2}\ \alpha^a\ \theta^{a/2} \prod_{i=1}^{a} x_{i:n}^{\alpha-1} \exp\left(-\frac{1}{2}\theta\ x_{i:n}^{2\alpha}\right) [\Phi(-\sqrt{\theta}\ x_{a:n}^\alpha)]^{n-a}$$

$$(4.7)$$

将式(4.7)取对数函数，有：

$$\ell(\alpha,\ \theta) \propto a\ln\alpha + \frac{a}{2}\ln\theta + (\alpha - 1) \sum_{i=1}^{a} \ln x_{i:n}$$

$$- \frac{\theta}{2} \sum_{i=1}^{a} x_{i:n}^{2\alpha} + (n-a)\ln[\Phi(-\sqrt{\theta}\ x_{r:n}^\alpha)] \quad (4.8)$$

设 α 和 θ 的最大似然函数估计值定义为 $\widehat{\alpha}$ 和 $\widehat{\theta}$，其解满足下面两个方程：

$$\frac{a}{\alpha} + \sum_{i=1}^{a} \ln x_{i:n} - \theta \sum_{i=1}^{a} x_{i:n}^{2\alpha}\ln x_{i:n} - (n-a)\frac{\sqrt{\theta}\ x_{a:n}^\alpha(\ln x_{a:n})\exp\left(-\dfrac{\theta\ x_{a:n}^{2\alpha}}{2}\right)}{\sqrt{2\pi}\Phi(-\sqrt{\theta}\ x_{a:n}^\alpha)} = 0$$

$$(4.9)$$

$$\frac{a}{2\theta} - \frac{1}{2} \sum_{i=1}^{a} x_{i:n}^{2\alpha} - (n-a)\frac{x_{a:n}^\alpha\exp\left(-\dfrac{\theta\ x_{a:n}^{2\alpha}}{2}\right)}{2\sqrt{2\pi\theta}\Phi(-\sqrt{\theta}\ x_{a:n}^\alpha)} = 0 \quad (4.10)$$

通过梯度计算方法例如牛顿法来获得式(4.7)和式(4.8)的 $\widehat{\alpha}$ 和 $\widehat{\theta}$ 的值是非常困难的。因此考虑采用软计算方法 DE 算法和 GA 算法来求解似然方程式(4.7)的估计值 $\widehat{\alpha}$ 和 $\widehat{\theta}$。

4.2.2.3　差分算法和遗传算法参数求解

GA 算法是一种进化的方法，采用灵活的技巧自然进化形成目标函数的最优解决方案。DE 算法是另外一种特殊的启发式方法。DE 算法采用进化的计算方法来优化目标函数，通过迭代尝试提高候选方案性能的特殊方法。DE 算法采用真实的数据，进行突变和重组的思想不同于 GA 算法。在 DE 算法中的突变和重组操作中，会比 GA 算法产生新的更多的机会达到最优方案。当然 DE 算法和 GA 算法两个方法不能用于梯度函数寻找最优方案。具体相关的研究内容可参见一些最近几年的文献研究。

GA 算法的主要步骤如下：

(1)选择初始种群；

(2)确定每个个体的健康性；

(3)进行选择；

(4)进行重组或突变；

(5)确定每个个体的健康性；

(6)执行选择操作；

(7)重复上述过程，直到满足终止条件。

一般终止条件可以是以下的一种或者它们的组合：

(1)找到的解满足特定的标准；

(2)最大迭代次数；

(3)达到分配的预算；

(4)解的最高方案达到，或者通过迭代解不能再有所改进。

DE 算法的主要步骤如下：

(1)选择初始种群；

(2)计算每个个体的适应度值；

（3）执行变异操作；

（4）执行交换（重组）操作；

（5）执行选择操作；

（6）计算每个个体的适应度值；

（7）重复上述过程，直到满足终止条件。

一般终止条件可以是以下的一种或者它们的组合：

（1）收敛到某一个特定的解；

（2）最大迭代次数；

（3）事先给定的精度；

（4）解的适应度值达到最大，或者，通过迭代解不能再有所改进。

对于执行 GA 算法时，考虑群体数量 PS = 100，交叉概率 CP = 0.7 和 0.8，突变概率为 MP = 0.1 和 0.15，迭代次数 MI = 100，寻找方程目标函数方程式（4.7）的$\hat{\alpha}$和$\hat{\theta}$最大似然估计。

对于执行 DE 算法，参数的交叉概率为 CP = 0.5，权重因子 WF = 0.6 和 0.8，迭代次数 MI = 150。

广义半正态分布的参数选择设置，参见表 4.4 中，选择 6 组参数值，在这里考虑 T 是百分百比 75%。

表 4.4 GHN(α, θ)的参数值和仿真时间

α	β	θ	T	α	β	θ	T
1	2	0.2500	2.3006	2	2	0.0625	2.1451
1	3	0.1111	3.4510	2	3	0.0123	3.2176
1	4	0.0625	4.6014	2	4	0.0039	4.2902

基于式（4.5），在 $F(x; \alpha, \theta) = 2\Phi(\sqrt{\theta}x^{\alpha}) - 1$ 中，p^{th}分位数可以通过方程$x_p = [\Phi^{-1}((p+1)/2)/\sqrt{\theta}]^{1/\alpha}$对于 $0<p<1$ 被获得。因此，在这里可以从标准正态分布$[(p+1)/2]^{th}$产生 GHN 的随机值。算法 1 可以用于产生混合型 I 设限抽样。

算法 1：产生混合型 I 设限样本。

步骤 1：给出 α，β，θ，n，r 和 T。

步骤 2：从 GHN (α, β, θ) 中产生 r 个次序统计量，并命名为 $x_{1:n}$，$x_{2:n}$，$\cdots$，$x_{r:n}$。

步骤 3：如果 $x_{r:n} < T$，则混合型 I 设限抽样为 $x_{1:n}$，$x_{2:n}$，$\cdots$，$x_{r:n}$；否则混合型 I 设限抽样为 $x_{1:n}$，$x_{2:n}$，$\cdots$，$x_{m:n}$，在这里 $x_{m:n}$ 是满足 $x_{m+1:n} > T$，$m < r$。估计的偏差和均方误差通过 N 产生混合型 I 设限抽样，评估通过算法 2，在这里 N 是最大的正整数。

算法 2：估计量的偏斜和均方误差 MSEs。

步骤 1：执行算法 1 共 N 次并定义获得的混合型 I 设限抽样为 Y_1，Y_2，$\cdots$，Y_N。

步骤 2：针对 y_i，寻找式（4.7）$L(\alpha, \theta \mid Y_i)$ 的估计值，通过 DE 算法获得的估计值，命名为 $\widehat{\alpha}_{D,i}$ 和 $\widehat{\theta}_{D,i}$，在这里 $i = 1$，2，$\cdots$，N；

步骤 3：针对 y_i，寻找方程 $L(\alpha, \theta \mid Y_i)$ 的估计值，通过 GA 算法获得的估计值，命名为 $\widehat{\alpha}_{G,i}$ 和 $\widehat{\theta}_{G,i}$，在这里 $i = 1$，2，$\cdots$，N。

步骤 4：偏差可以由 $(\widehat{\alpha}_j) = \overline{\widehat{\alpha}}_j - \alpha$ 来评估，当 $j = D$ 和 G 时，这里 $\overline{\widehat{\alpha}}_j$ 是评估值 $\widehat{\alpha}_{j,i}$ 的平均值。此时 $i = 1$，2，$\cdots$，N；同样 $(\widehat{\theta}_j) = \overline{\widehat{\theta}}_j - \theta$；在这里 $\overline{\widehat{\theta}}_j$ 是估计值 $\widehat{\theta}_{j,i}$ 的平均值，$i = 1$，2，$\cdots$，N；MSEs 的估计可以由 MSE $(\widehat{\alpha}_j) = \dfrac{1}{N} \sum_{i=1}^{N} (\widehat{\alpha}_{j,i} - \alpha)^2$ 得到，以及得到 MSE $(\widehat{\theta}_j) = \dfrac{1}{N} \sum_{i=1}^{N} (\widehat{\theta}_{j,i} - \theta)^2$。

4.2.3　仿真模拟及性能比较

在表 4.5 和表 4.6 中，从各组的 α，β 以及 θ 的参数设置中，根据仿真结果可以看出 DE 算法比 GA 算法相对更稳定，同时具有小的偏差和较小均方误差。图 4.1 和图 4.2 同时也证明了 GA 算法比 DE 算法高估计了的参数值，因此推荐采用 DE 算法来获得 GHN 的最大似然估计值。

表 4.5　基于 PS=100 和 MI=100，GA 算法的最大似然估计的偏斜和均方误差

α	β	θ	T	CP	MP	$\widehat{\alpha}_G$	$\widehat{\theta}_G$
1	2	0.25	2.3006	0.7	0.1	0.0727 (0.0548)	0.0253 (0.0121)
1	2	0.25	2.3006	0.7	0.15	0.0793 (0.06)	0.026 (0.0128)
1	2	0.25	2.3006	0.8	0.1	0.0778 (0.053)	0.026 (0.0134)
1	2	0.25	2.3006	0.8	0.15	0.0748 (0.0557)	0.0255 (0.013)
1	3	0.1111	3.4510	0.7	0.1	0.0234 (0.0391)	0.0189 (0.0028)
1	3	0.1111	3.4510	0.7	0.15	0.0403 (0.0438)	0.0157 (0.0027)
1	3	0.1111	3.4510	0.8	0.1	0.0286 (0.0432)	0.0203 (0.0031)
1	3	0.1111	3.4510	0.8	0.15	0.0434 (0.0459)	0.0157 (0.0028)
1	4	0.0625	4.6014	0.7	0.1	−0.0532 (0.0352)	0.0278 (0.002)
1	4	0.0625	4.6014	0.7	0.15	−0.039 (0.0354)	0.0211 (0.0015)
1	4	0.0625	4.6014	0.8	0.1	−0.0502 (0.0422)	0.0287 (0.0026)
1	4	0.0625	4.6014	0.8	0.15	−0.0179 (0.0408)	0.0219 (0.0018)
2	2	0.0625	2.1451	0.7	0.1	−0.055 (0.1301)	0.0217 (0.0015)
2	2	0.0625	2.1451	0.7	0.15	−0.0248 (0.1309)	0.017 (0.0012)
2	2	0.0625	2.1451	0.8	0.1	−0.0455 (0.134)	0.0215 (0.0015)
2	2	0.0625	2.1451	0.8	0.15	0.0119 (0.1457)	0.0149 (0.0012)
2	3	0.0123	3.2176	0.7	0.1	−0.6042 (0.4398)	0.0438 (0.0028)
2	3	0.0123	3.2176	0.7	0.15	−0.5268 (0.3494)	0.0339 (0.0017)
2	3	0.0123	3.2176	0.8	0.1	−0.5868 (0.4259)	0.0435 (0.0029)
2	3	0.0123	3.2176	0.8	0.15	−0.5157 (0.3486)	0.0355 (0.0021)
2	4	0.0039	4.2902	0.7	0.1	−0.9023 (0.8603)	0.0506 (0.0036)
2	4	0.0039	4.2902	0.7	0.15	−0.8493 (0.7691)	0.0428 (0.0027)
2	4	0.0039	4.2902	0.8	0.1	−0.9054 (0.8743)	0.0557 (0.005)
2	4	0.0039	4.2902	0.8	0.15	−0.8649 (0.8094)	0.0491 (0.0039)

表4.6　基于 PS=100，CP=0.5，MI=150，DE 算法的最大似然估计的偏斜和均方误差

α	β	θ	T	WF	$\widehat{\alpha_D}$	$\widehat{\theta_D}$
1	2	0.25	2.3006	0.6	0.0915 (0.0597)	0.024 (0.022)
1	2	0.25	2.3006	0.8	0.0748 (0.0535)	0.0223 (0.0115)
1	3	0.1111	3.4510	0.6	0.0729 (0.0547)	0.0047 (0.0026)
1	3	0.1111	3.4510	0.8	0.0849 (0.057)	0.0049 (0.0026)
1	4	0.0625	4.6014	0.6	0.0894 (0.0563)	0.0009 (0.001)
1	4	0.0625	4.6014	0.8	0.0767 (0.0552)	0.003 (0.0012)
2	2	0.0625	2.1451	0.6	0.1562 (0.2139)	0.0019 (0.001)
2	2	0.0625	2.1451	0.8	0.1565 (0.2195)	0.0024 (0.0011)
2	3	0.0123	3.2176	0.6	−0.0088 (0.065)	0.003 (0.0001)
2	3	0.0123	3.2176	0.8	−0.0044 (0.0633)	0.0028 (0.0001)
2	4	0.0039	4.2902	0.6	−0.3372 (0.1295)	0.0065 (<0.0001)
2	4	0.0039	4.2902	0.8	−0.3348 (0.1284)	0.0065 (<0.0001)

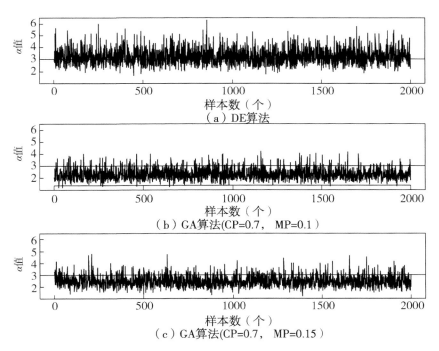

图4.1　基于 DE 算法、GA 算法（CP=0.7，MP=0.1）和

GA 算法（CP=0.7，MP=0.15）的 2000 个 α 最大似然估计

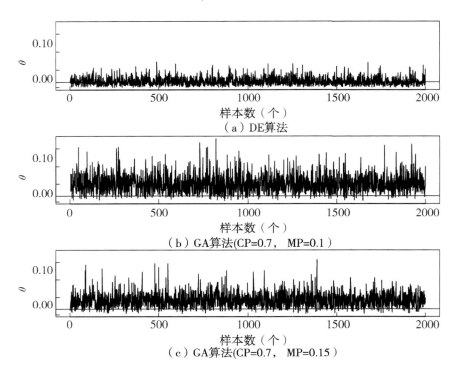

（a）DE算法

（b）GA算法(CP=0.7, MP=0.1)

（c）GA算法(CP=0.7, MP=0.15)

图 4.2　基于 DE 算法、GA 算法(CP = 0.7, MP = 0.1)和

GA 算法(CP = 0.7, MP = 0.15)的 2000 个 θ 最大似然估计

　　在这章中, 考虑 $n = 50$, $r = n/2$, $N = 2000$ 所有的仿真结果在表 4.5 和表 4.6 中给出。表 4.5 中设计(CP, MP) = (0.7, 0.1), (0.7, 0.15), (0.8, 0.1) 和 (0.8, 0.15) 来实现遗传算法(GA 算法)的偏斜和均方误差。组合(CP, MP) = (0.7, 0.1)更好地获得了 α 的可靠估计, 组合(CP, MP) = (0.7, 0.15)和(0.8, 0.15)更好地获得了 θ 的可靠估计。

　　通过表 4.6 可以看出, 在 DE 算法中, WF = 0.8 比 WF = 0.6 获得了更好的偏差和均方误差。因此参数设计选择为(PS, CP, MP, MI) = (100, 0.7, 0.10, 100), (PS, CP, MP, MI) = (100, 0.7, 0.15, 100), 以及(PS, CP, MP, MI) = (100, 0.8, 0.15, 100)来执行 GA 算法; 设计(PS, CP, WF, MI) = (100, 0.5, 0.8, 150)执行 DE 算法。通

过 GA 算法和 DE 算法的这 4 种设计方案来寻找广义半正态分布的最大似然估计值。

当 $\alpha=2$，$\beta=3$（或 $\theta=0.0123$），执行 2000 次仿真用以比较结果的统计性能。GA 算法的仿真参数为：（PS，CP，MP，MI）=（100，0.7，0.15，100）和（PS，CP，MP，MI）=（100，0.8，0.15，100），DE 算法仿真参数为：（PS，CP，WF，MI）=（100，0.5，0.8，150），所有仿真结果如图 4.1 和图 4.2 所示。

4.3 油管寿命预测及可靠性分析

4.3.1 基于广义半正态分布模型油管寿命预测

依据目前大庆油田某数据库的资料现状，选取三种不同工况环境下，油管失效的信息数据。

第一组选井条件：某区块 2011—2018 年因油管失效检泵井，水驱基础井网，机型 10 型，泵径 70mm，冲程 3m，冲次 6 次/min，正产生产时，油井平均产液量 48.6m³/d，平均产油 3m³/d，平均沉没度 173m，收集数据 101 组，数据见表 4.7。

表 4.7 第一组油井油管寿命

序号	检泵周期（d）	序号	检泵周期（d）	序号	检泵周期（d）	序号	检泵周期（d）
1	445	9	573	17	863	25	270
2	206	10	2938	18	247	26	296
3	493	11	904	19	935	27	1029
4	455	12	797	20	111	28	378
5	146	13	381	21	656	29	795
6	730	14	261	22	250	30	203
7	576	15	431	23	924	31	400
8	354	16	314	24	327	32	398

序号	检泵周期（d）	序号	检泵周期（d）	序号	检泵周期（d）	序号	检泵周期（d）
33	87	51	1730	69	1113	87	1536
34	428	52	1051	70	461	88	1186
35	307	53	914	71	572	89	562
36	373	54	566	72	1010	90	426
37	945	55	372	73	1382	91	513
38	72	56	337	74	1013	92	367
39	649	57	651	75	587	93	1419
40	173	58	1117	76	1117	94	320
41	438	59	420	77	572	95	958
42	635	60	132	78	628	96	824
43	174	61	1214	79	946	97	925
44	471	62	375	80	214	98	217
45	441	63	322	81	1832	99	371
46	607	64	47	82	623	100	823
47	253	65	628	83	231	101	850
48	647	66	610	84	396		
49	443	67	328	85	925		
50	519	68	954	86	357		

第二组选井条件：某区块 2011—2018 年因油管失效检泵井，水驱基础井网，机型 10 型，泵径 70mm，冲程 3m，冲次 8 次/min，正产生产时，油井平均产液量 66.5m³/d，平均产油 3.21m³/d，平均沉没度 257m，收集数据 57 组，数据见表 4.8。

第三组选井条件：某区块 2011—2018 年因油管失效检泵井，聚驱加密井网，机型 10 型，泵径 70mm，冲程 4m，冲次 6 次/min，收集数据 117 组，正产生产时，油井平均产液量 81.6m³/d，平均产油 2.6m³/d，平均沉没度 307m，数据见表 4.9。

表 4.8　第二组油井油管寿命

序号	检泵周期（d）	序号	检泵周期（d）	序号	检泵周期（d）	序号	检泵周期（d）
1	900	25	489	49	645	73	239
2	244	26	416	50	266	74	367
3	449	27	367	51	950	75	621
4	218	28	777	52	409	76	363
5	146	29	129	53	435	77	166
6	353	30	210	54	683	78	1202
7	303	31	388	55	99	79	437
8	273	32	265	56	489	80	118
9	624	33	306	57	1560	81	500
10	508	34	1078	58	285	82	329
11	512	35	202	59	670	83	1543
12	902	36	183	60	566	84	263
13	360	37	119	61	345	85	795
14	244	38	310	62	593	86	266
15	59	39	364	63	192	87	1514
16	430	40	262	64	525	88	245
17	670	41	926	65	1171	89	524
18	1357	42	281	66	713	90	478
19	234	43	280	67	950	91	409
20	94	44	502	68	936	92	717
21	256	45	408	69	809	93	1071
22	553	46	1095	70	985		
23	460	47	766	71	222		
24	812	48	486	72	1056		

表 4.9　第三组油井油管寿命

序号	检泵周期（d）	序号	检泵周期（d）	序号	检泵周期（d）	序号	检泵周期（d）
1	311	5	124	9	76	13	191
2	282	6	226	10	171	14	549
3	92	7	518	11	1046	15	238
4	248	8	167	12	117	16	337

续表

序号	检泵周期(d)	序号	检泵周期(d)	序号	检泵周期(d)	序号	检泵周期(d)
17	170	33	302	49	249	65	344
18	315	34	267	50	898	66	1277
19	280	35	639	51	210	67	52
20	253	36	242	52	182	68	625
21	379	37	845	53	385	69	704
22	511	38	229	54	1317	70	221
23	151	39	516	55	491	71	1428
24	1006	40	294	56	437	72	270
25	1007	41	225	57	247	73	1078
26	205	42	1289	58	157	74	250
27	982	43	196	59	397	75	234
28	271	44	628	60	536	76	415
29	436	45	159	61	1220	77	433
30	447	46	350	62	598	78	793
31	544	47	279	63	519	79	685
32	716	48	973	64	185		

第一组中第 10 个数据 2938 天，已经超过 8 年，当作异常值去掉。三组数据的折线图如图 4.3 所示。从图形分布上可以看出三个区块上的抽油杆寿命分布基本不同。采用 GHN 分布模型评估油管的可靠性。

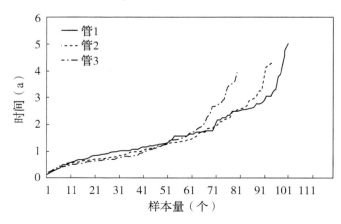

图 4.3　三组数据折线图

三组数据的数据特征见表 4.10。

表 4.10　数据的特征值

组数	管 1	管 2	管 3
均值	1.70330	1.45208	1.28823
中值	1.40548	1.19178	0.94247
方差	1.41276	0.90472	0.83257
偏度	2.06684	1.13719	1.23289
峰度	7.51496	0.84619	0.68005
极小值	0.12877	0.16164	0.20822
极大值	8.04932	4.27397	3.91233

进行 K-P 检验，p 值分别为 $p = 1.67$，1.64，1.58，数据符合 GHN 分布。基于三组数据，使用 R 软件包执行算法 DE 和 GA，求得 GHN 模型中 α 和 θ 结果见表 4.11。

表 4.11　参数估计值

组数	DE 算法		GA 算法	
	$\widehat{\alpha}_D$	$\widehat{\theta}_D$	$\widehat{\alpha}_G$	$\widehat{\theta}_G$
1	1.12575	0.174058	1.057272	0.222639
2	1.237543	0.215276	1.19971	0.237136
3	1.15979	0.307096	1.132329	0.327854

由于数据分布基一致，考虑平均三组估计值，平均估计值为：$\widehat{\alpha}_D = 1.228625$，$\widehat{\theta}_D = 0.209987$。则油管寿命密度函数为：

$$f(x;\ \alpha,\ \theta) = \sqrt{\frac{2}{\pi}}\, 0.563\, x^{0.228} \exp(-0.105\, x^{2.457}) \qquad x > 0$$

$$(4.11)$$

油管寿命分布函数为：

$$F(x;\ \alpha,\ \theta) = 2\Phi(0.458\, x^{1.228}) - 1 = 1 - 2\Phi(-0.458\, x^{1.228}) \qquad x > 0$$

$$(4.12)$$

根据油管的寿命分布函数可进行寿命预测，以及后面的可靠性分析。

4.3.2 基于广义半正态分布模型油管可靠性分析

基于数据估计值 $\widehat{\alpha}_D = 1.228625$，$\widehat{\theta}_D = 0.209987$，得到油管生存函数：

$$S(x;\ \alpha,\ \theta) = 1 - F(x;\ \alpha,\ \theta) = 2[1 - \Phi(0.4582\ x^{1.2286})]$$
$$= 2\Phi(-0.4582\ x^{1.2286}) \qquad (4.13)$$

油管的失效率函数为：

$$h(x \mid c,\ k) = \frac{\sqrt{\dfrac{1}{2\pi}}\, 0.563\ x^{0.228}\exp(-0.105\ x^{2.457})}{\Phi(-0.4582\ x^{1.2286})}$$

$$x > 0,\ c > 0,\ k > 0 \qquad (4.14)$$

采用 $\widehat{x_p}$ 用于可靠性推断。当 p^{th} 分位数取值为 5th，10th，15th，20th，25th 和 50th 时，MLEs 取值见表 4.12。

表 4.12 p^{th} 分位数的最大似然估计

分位数	5	10	15	20	25	50
$\widehat{x_p}$	0.19812	0.34886	0.48658	0.61731	0.743984	1.36975

对应天数为 72，127，177，225，271，499（天）。

在这里可以根据 $\widehat{x_p}$ 分位数函数计算抽油杆在已经工作一定时间后，即将发生失效的概率，此时的生存概率和风险概率。对当时的抽油杆工作状态有一定判断，同时可以计算出继续工作任意时间的失效概率。为油田部门的作业和维护提供一定的参考。

4.4 模型扩展

4.4.1 双截断广义半正态分布的加速模型

伴随技术的不断发展，现在越来越多的产品寿命都有很大的提高，从而给试验带来了很大的困难性，本节基于上一节的广义半正态模型（GHN），引入加速试验，提高试验效率及应用范围，同时扩展了模型的一般形式，提出双截断广义半正态加速模型（DTGHN），使得模型具有一般化。同时，在很大程度上也加剧了求解的运算难度，因此目标主要解决下面三个问题：

（1）使用 DTGHN 分布来描述原件的质量特征分布，显然，DTGHN 包括 GHN 的一般情况；此外，DTGHN 可以归纳为下截断的 GHN 分布或是上截断的 GHN 分布。因此，DTGHN 分布是非常一般化的，可以作为表示产品质量特征分布的一个很好的候选分布。

（2）当应力变量与 ALT 模型 DTGHN 分布的尺度参数和形状参数线性关系时，研究如何获得可靠的参数可靠估计。出了极大似然估计的方法，利用牛顿拉普森法得到了 ALT 模型参数的 MLEs。同时提出了贝叶斯估计的估计方法，由于没有参数的贝叶斯估计的显式表达式，因此贝叶斯估计是通过 MH-MCMC 方法来实现稳定的估计方法，从而得到 DTGHN 分布的 ALT 模型参数的可靠估计。

（3）基于 ALT 数据参数的估计质量问题，提供一种简单的区间推断方法。由于采样会引起误差，从而影响点估计的质量。因此需要采用置信区间的估计方法来描述采样误差对点估计的影响。

设产品的寿命 T 服从 GHN 分布，则有寿命 T 的密度函数 PDF：

$$f(t;\ \alpha,\ \eta) = \sqrt{\frac{2}{\pi}} \left(\frac{\alpha}{t}\right) \left(\frac{t}{\eta}\right)^{\alpha} \exp\left[-\frac{1}{2}\left(\frac{t}{\eta}\right)^{2\alpha}\right] \qquad \alpha,\ \eta,\ t > 0$$

$$(4.15)$$

其中 α 是形状参数，η 是尺度参数，另 $\theta = \eta^{-2\alpha}$，则式（4.15）中的 PDF 可表示为：

$$f(t;\ \alpha,\ \theta) = \sqrt{\frac{2}{\pi}} \alpha \sqrt{\theta}\, t^{\alpha-1} \exp\left(-\frac{1}{2}\theta t^{2\alpha}\right) \qquad \alpha,\ \theta,\ t > 0 \quad (4.16)$$

式(4.16)中基于 PDF 的累积分布函数 CDF 被表示为:

$$F(t; \ \alpha, \ \theta) = 2\Phi(\sqrt{\theta} \ t^\alpha) - 1 = 1 - 2\Phi(-\sqrt{\theta} \ t^\alpha) \qquad \alpha, \ \theta, \ t > 0$$

$$(4.17)$$

其中 $\Phi(\cdot)$ 是标准正态分布的 CDF。生存函数能够表示为:

$$S(t; \ \alpha, \ \theta) = 1 - F(t; \ \alpha, \ \theta) = 2\Phi(-\sqrt{\theta} \ t^\alpha) \qquad \alpha, \ \theta, \ t > 0$$

$$(4.18)$$

由 $F(t; \ \alpha, \ \theta)$ 扩展为 DTGHN 分布,其中分布函数 $G(x; \ \alpha, \ \theta)$ 被定义为:

$$G(x) = \frac{F(x; \ \alpha, \ \theta) - F(\mu; \ \alpha, \ \theta)}{F(\nu; \ \alpha, \ \theta) - F(\mu; \ \alpha, \ \theta)} = \frac{\Phi(-\sqrt{\theta} \ \mu^\alpha) - \Phi(-\sqrt{\theta} \ x^\alpha)}{d(\mu, \ v; \ \alpha, \ \theta)}$$

$$0 < \mu \leqslant x \leqslant \nu \qquad (4.19)$$

其中 μ 和 ν 分别是截断下界和截断上界,设 $d(\mu, \ v; \ \alpha, \ \theta) = \Phi(-\sqrt{\theta}\mu^\alpha) - \Phi(-\sqrt{\theta}\nu^\alpha)$。在式(4.4)中的 DTGHN 分布由 DTGHN$(\alpha, \ \theta)$ 表示。DTGHN$(\alpha, \ \theta)$ 是 GHN 分布的推广。当 $\mu = 0$ 和 $\nu \to \infty$,$G(x) = F(x)$;当 $\mu \to 0$,$G(x)$ 是上截断 GHN 分布,当 $\nu \to \infty$,$G(x)$ 是下截断 GHN 分布。$G(x; \ \alpha, \ \theta)$ 的 PDF 将得到[12]:

$$g(x; \ \alpha, \ \theta) = \frac{\sqrt{\theta} \alpha \ x^{\alpha-1} \Phi(-\sqrt{\theta} \ x^\alpha)}{d(\mu, \ v; \ \alpha, \ \theta)} \qquad 0 < \mu \leqslant x \leqslant \nu \quad (4.20)$$

其中 $\Phi(\cdot)$ 是标准正态分布的密度函数。

假设通过压力测试,产品的应力水平 s,且有 $s_1 \leqslant s_2 \leqslant \cdots \leqslant s_m$。

用 $\theta_i \equiv \theta(s_i) = (b_0 + b_1 s_i)$ 和 $\alpha_i \equiv \alpha(s_i) = (a_0 + a_1 s_i)$ 表示 DTGHN 分布参数与应力水平的关系。在压力 s_i 下($i = 1, \ 2, \ \cdots, \ m$),设用于的生命测试的总的寿命个数为 n_i。令参数集合 $\Theta = (a_0, \ a_1, \ b_0, \ b_1)$,则似然函数依赖于 ALT 的样本 $x = \{x_{ij}\}$ 得到,其中,$i = 1, \ 2, \ \ldots, \ m$,$j = 1, \ 2, \ \cdots, \ n_i$。

$$L(\Theta;\ x) = \prod_{i=1}^{m} \prod_{j=1}^{n_i} g(x_{ij};\ \Theta) = \prod_{i=1}^{m} \prod_{j=1}^{n_i} \frac{\sqrt{\theta_i}\, \alpha_i\, x_{ij}^{\alpha_i-1} \Phi\left(-\sqrt{\theta_i}\, x_{ij}^{\alpha_i}\right)}{d(\mu,\ v;\ \alpha_i,\ \theta_i)}$$

$$(4.21)$$

此外，对数似然函数将基于式(4.21)得到：

$$l(\Theta;\ x) = \sum_{i=1}^{m} n_i \left(\frac{1}{2}\ln \theta_i + \ln \alpha_i\right) + \sum_{i=1}^{m} (\alpha_i - 1) \sum_{j=1}^{n_i} \ln x_{ij} +$$

$$\sum_{i=1}^{m} \sum_{j=1}^{n_i} \ln \Phi\left(-\sqrt{\theta_i}\, x_{ij}^{\alpha_i}\right) - \sum_{i=1}^{m} n_i \ln\left[d(\mu,\ v;\ \alpha_i,\ \theta_i)\right] \quad (4.22)$$

参数的 a_0，a_1，b_0 和 b_1 的估计值设为 $\widehat{a_0}$，$\widehat{a_1}$，$\widehat{b_0}$ 和 $\widehat{b_1}$，令 $\widehat{\theta_i} = (\widehat{b_0} + \widehat{b_1} s_i)$，$\widehat{\alpha_i} = (\widehat{a_0} + \widehat{a_1} s_i)$ 和 $\widehat{\Theta} = (\widehat{a_0},\ \widehat{a_1},\ \widehat{b_0},\ \widehat{b_1})$，$\widehat{a_0}$，$\widehat{a_1}$，$\widehat{b_0}$ 和 $\widehat{b_1}$ 将通过求解对数似然等式 $l_{a_0} = 0$，$l_{a_1} = 0$，$l_{b_0} = 0$，$l_{b_1} = 0$ 得到。

在这里 $l_{a_0} = \left.\dfrac{\partial l(\Theta;\ x)}{\partial a_0}\right|_{\Theta=\widehat{\Theta}}$，$l_{a_1} = \left.\dfrac{\partial l(\Theta;\ x)}{\partial a_1}\right|_{\Theta=\widehat{\Theta}}$，$l_{b_0} = \left.\dfrac{\partial l(\Theta;\ x)}{\partial b_0}\right|_{\Theta=\widehat{\Theta}}$，

$l_{b_1} = \left.\dfrac{\partial l(\Theta;\ x)}{\partial b_1}\right|_{\Theta=\widehat{\Theta}}$。此时 l_{a_0}，l_{a_1}，l_{b_0} 和 l_{b_1} 的表达式为：

$$l_{a_0} = \sum_{i=1}^{m} \frac{n_i}{\widehat{\alpha_i}} + \sum_{i=1}^{m} \sum_{j=1}^{n_i} \ln x_{ij} - \sum_{i=1}^{m} \widehat{\theta_i} \sum_{j=1}^{n_i} x_{ij}^{2\widehat{\alpha_i}} \ln x_{ij} +$$

$$\sum_{i=1}^{m} n_i \frac{\Phi\left(-\sqrt{\widehat{\theta_i}}\, \mu^{\widehat{\alpha_i}}\right) \sqrt{\widehat{\theta_i}}\, \mu_i^{\widehat{\alpha}} \ln\mu - \Phi\left(-\sqrt{\widehat{\theta_i}}\, v^{\widehat{\alpha_i}}\right) \sqrt{\widehat{\theta_i}}\, v^{\widehat{\alpha_i}} \ln v}{d(\mu,\ v;\ \widehat{\alpha_i},\ \widehat{\theta_i})} \quad (4.23)$$

$$l_{a_1} = \sum_{i=1}^{m} \frac{n_i s_i}{\widehat{\alpha_i}} + \sum_{i=1}^{m} s_i \sum_{j=1}^{n_i} \ln x_{ij} - \sum_{i=1}^{m} s_i \widehat{\theta_i} \sum_{j=1}^{n_i} x_{ij}^{2\widehat{\alpha_i}} \ln x_{ij} +$$

$$\sum_{i=1}^{m} n_i s_i \frac{\Phi\left(-\sqrt{\widehat{\theta_i}}\, \mu^{\widehat{\alpha_i}}\right) \sqrt{\widehat{\theta_i}}\, \mu_i^{\widehat{\alpha}} \ln\mu - \Phi\left(-\sqrt{\widehat{\theta_i}}\, v^{\widehat{\alpha_i}}\right) \sqrt{\widehat{\theta_i}}\, v^{\widehat{\alpha_i}} \ln v}{d(\mu,\ v;\ \widehat{\alpha_i},\ \widehat{\theta_i})} \quad (4.24)$$

$$l_{b_0} = \frac{1}{2} \sum_{i=1}^{m} \frac{n_i}{\widehat{\theta_i}} - \frac{1}{2} \sum_{i=1}^{m} \sum_{j=1}^{n_i} x_{ij}^{2\widehat{\alpha_i}} +$$

$$\frac{1}{2} \sum_{i=1}^{m} \frac{n_i}{\sqrt{\widehat{\theta_i}}} \frac{\Phi\left(-\sqrt{\widehat{\theta_i}}\,\mu^{\widehat{\alpha_i}}\right)\mu^{\widehat{\alpha_i}} - \Phi\left(-\sqrt{\widehat{\theta_i}}\,v_i^{\alpha}\right)v^{\widehat{\alpha_i}}}{d(\mu,\ v;\ \widehat{\alpha_i},\ \widehat{\theta_i})} \tag{4.25}$$

$$l_{b_1} = \frac{1}{2} \sum_{i=1}^{m} \frac{n_i s_i}{\widehat{\theta_i}} - \frac{1}{2} \sum_{i=1}^{m} s_i \sum_{j=1}^{n_i} x_{ij}^{2\widehat{\alpha_i}} \sum_{i=1}^{m} \frac{n_i s_i}{\sqrt{\widehat{\theta_i}}} \frac{\Phi\left(-\sqrt{\widehat{\theta_i}}\,\mu^{\widehat{\alpha_i}}\right)\mu^{\widehat{\alpha_i}} - \Phi\left(-\sqrt{\widehat{\theta_i}}\,v_i^{\alpha}\right)v^{\widehat{\alpha_i}}}{d(\mu,\ v;\ \widehat{\alpha_i},\ \widehat{\theta_i})}$$

$$\tag{4.26}$$

显然式(4.24)至式(4.26)的公式非常复杂。通过直接求解对数似然等式 $l_{a_0}=0$，$l_{a_1}=0$，$l_{b_0}=0$ 和 $l_{b_1}=0$ 来得到 $\widehat{a_0}$，$\widehat{a_1}$，$\widehat{b_0}$ 和 $\widehat{b_1}$ 的最大似然估计是非常困难的。以前通常采用牛顿–拉普森法得到数值计算的 MLEs。在本节使用 MH-MCMC 算法，它的思想是采用无信息的先验分布对参数模型进行表征。采用 MH-MCMC 算法用于搜索 $\widehat{a_0}$，$\widehat{a_1}$，$\widehat{b_0}$ 和 $\widehat{b_1}$ 得到的参数贝叶斯估计接近 MLEs。考虑式 Θ 的先验 PDF 如下：

$$\pi(\Theta) = \pi(a_0,\ a_1,\ b_0,\ b_1) = \pi(a_0) \times \pi(a_1) \times \pi(b_0) \times \pi(b_1) \tag{4.27}$$

当 $\pi(a_0) \propto c_1$，$\pi(a_1) \propto c_2$，$\pi(b_0) \propto c_3$ 和 $\pi(b_1) \propto c_4$，c_i 是常数，$i=1,\ 2,\ 3$。得到后验的密度函数为：

$$\pi(\Theta;\ x) \propto L(\Theta;\ x) \times \pi(\Theta) \tag{4.28}$$

由于 $\pi(\Theta)$ 是常数，可以得到：

$$\pi(\Theta;\ x) \propto L(\Theta;\ x) \tag{4.29}$$

在这部分，考虑贝叶斯估计的平方损失函数。因此，参数的贝叶斯估计可以作为后验分布的均值。由于 ALT 模型没有参数的显示表达式，因此考虑采用 MH-MCMC 算法来搜索贝叶斯的估计量。值得注意的是，式(4.29)中后验分布的主要贡献来自于似然函数，因此，Θ 的贝叶斯估计接近 Θ 的最大似然估计。MH-MCMC 的程序会参见下文的算法。

算法1：MH-MCMC 过程。

初始步：建立 $a_0^{(0)}$，$a_1^{(0)}$，$b_0^{(0)}$ 和 $b_1^{(0)}$ 的初始状态，以及参数 a_0，a_1，b_0 和 b_1。

步骤1：提出过渡概率（或叫提案）$q_1(a_0^*；a_0^{(i)})$；

　　　　由 $a_0^{(i)}$ 到 a_0^*，提出过渡概率 $q_2(a_1^*；a_1^{(i)})$；

　　　　由 $a_1^{(i)}$ 到 a_1^*，提出过渡概率 $q_3(b_0^*；b_0^{(i)})$；

　　　　由 $b_0^{(i)}$ 到 b_0^*，和 $q_4(b_1^*；b_1^{(i)})$ 以及 $b_1^{(i)}$ 到 b_1^*。

步骤2：实施步骤 2.1—步骤 2.4 共 N 次，$i=0$，1，2，$\cdots$，N，而 N 是一个很大的数。

步骤2.1：由 $q_1(a_0^*；a_0^{(i)})$ 生成 a_0^*，由 $U(0，1)$ 生成 u，其中 $U(0，1)$ 表示区间 $(0，1)$ 上的均匀分布，根据如下条件更新 $a_0^{(i+1)}$：

$$a_0^{(i+1)} = \begin{cases} a_0^* & \text{如果 } u \leqslant \min\left\{1，\dfrac{\pi(a_0^*；a_1^{(i)}，b_0^{(i)}，b_1^{(i)}，x)}{\pi(a_0^{(i)}；a_1^{(i)}，b_0^{(i)}，b_1^{(i)}，x)}\dfrac{q_1(a_0^{(i)}；a_0^*)}{q_1(a_0^*；a_0^{(i)})}\right\} \\ a_0^{(i)} & \text{否则} \end{cases}$$

(4.30)

步骤2.2：由 $q_2(a_1^*；a_1^{(i)})$ 生成 a_1^*，由 $U(0，1)$ 生成 u，根据以下条件更新 $a_1^{(i+1)}$：

$$a_1^{(i+1)} = \begin{cases} a_1^* & \text{如果 } u \leqslant \min\left\{1，\dfrac{\pi(a_1^*；a_0^{(i+1)}，b_0^{(i)}，b_1^{(i)}，x)}{\pi(a_1^{(i)}；a_0^{(i+1)}，b_0^{(i)}，b_1^{(i)}，x)}\dfrac{q_2(a_1^{(i)}；a_1^*)}{q_2(a_1^*；a_1^{(i)})}\right\} \\ a_1^{(i)} & \text{否则} \end{cases}$$

(4.31)

步骤2.3：由 $q_3(b_0^*；b_0^{(i)})$ 生成 b_0^*，由 $U(0，1)$ 生成 u，根据以下条件更新 $b_0^{(i+1)}$：

$$b_0^{(i+1)} = \begin{cases} b_0^* & \text{如果} u \leqslant \min\left\{1, \dfrac{\pi(b_0^*; a_0^{(i+1)}, a_1^{(i+1)}, b_1^{(i)}, x)}{\pi(b_0^{(i)}; a_0^{(i+1)}, a_1^{(i+1)}, b_1^{(i)}, x)} \dfrac{q_3(b_0^{(i)}; b_0^*)}{q_3(b_0^*; b_0^{(i)})}\right\} \\ b_0^{(i)} & \text{否则} \end{cases}$$

$$(4.32)$$

步骤 2.4：由 $q_4(b_1^*; b_1^{(i)})$ 生成 b_1^*，由 $U(0, 1)$ 生成 u，根据以下条件更新 $b_1^{(i+1)}$：

$$b_1^{(i+1)} = \begin{cases} b_1^* & \text{如果} u \leqslant \min\left\{1, \dfrac{\pi(b_1^*; a_0^{(i+1)}, a_1^{(i+1)}, b_0^{(i+1)}, x)}{\pi(b_1^{(i)}; a_0^{(i+1)}, a_1^{(i+1)}, b_0^{(i+1)}, x)} \dfrac{q_4(b_1^{(i)}; b_1^*)}{q_4(b_1^*; b_1^{(i)})}\right\} \\ b_1^{(i)} & \text{否则} \end{cases}$$

$$(4.33)$$

步骤 3：贝叶斯估计基于平方损失函数 $L(\widehat{a}_{0B}, a_0) = (\widehat{a}_{0B} - a_0)^2$，$L(\widehat{a}_{1B}, a_0) = (\widehat{a}_{1B} - a_1)^2$，$L(\widehat{b}_{0B}, b_0) = (\widehat{b}_{0B} - b_0)^2$ 和 $L(\widehat{b}_{1B}, b_1) = (\widehat{b}_{1B} - b_1)^2$，通过 $\widehat{a}_{0B} = \dfrac{\sum\limits_{i=M+1}^{N} a_0^{(i)}}{N-M}$，$\widehat{a}_{1B} = \dfrac{\sum\limits_{i=M+1}^{N} a_1^{(i)}}{N-M}$，$\widehat{b}_{0B} = \dfrac{\sum\limits_{i=M+1}^{N} b_0^{(i)}}{N-M}$，$\widehat{b}_{1B} = \dfrac{\sum\limits_{i=M+1}^{N} b_1^{(i)}}{N-M}$ 来得到。

在实践中，可以通过选择对称转移概率函数来减少计算负担。对于 $i=1$，2，3，4 的转移概率函数 $q_i(\cdot)$，本节采用正态分布来描述。

4.4.2　区间估计的 bootstrap 方法

由式（4.23）至式（4.26）可知，对数似然函数对参数 a_0，a_1，b_0 和 b_1 的一阶导数非常复杂。因此，包含对数似然函数对参数 a_0，a_1，b_0 和 b_1 作二阶导数的费雪信息矩阵比式（4.23）至式（4.26）中的一阶导数复杂得多。这个事实使得观测到的费雪信息矩阵在实际应用是保守的。

在本节中，建议使用 bootstrap 百分位法得到参数 a_0，a_1，b_0 和 b_1 函数的置信区间，用 $\delta(\Theta)$ 表示。根据 MLEs 的不变量性质，当 $\hat{\Theta}$ 是 Θ 的最大似然估计时，$\delta(\Theta)$ 的最大似然估计是 $\delta(\hat{\Theta})$。

算法 2：bootstrap 过程

步骤 1：基于随机样本获得 a_0，a_1，b_0 和 b_1 的 MLEs，从 DTGHN $(\alpha_i，\theta_i)$ 中取 n 个观测值，应力方程为 $\theta_i = (b_0 + b_1 s_i)$ 和 $\alpha_i = (a_0 + a_1 s_i)$，取 $i = 1，2，\cdots，m$，用 $\hat{\Theta} = (\hat{a_0}，\hat{a_1}，\hat{b_0}，\hat{b_1})$ 表示 MLEs 的矢量。

步骤 2：生成 bootstrap 样本，来自 DTGHN$(\hat{\theta_i}，\hat{\alpha_i})$ 的每个样本有 n 个观测值，$\hat{\theta_i} = (\hat{b_0} + \hat{b_1} s_i)$，$\hat{\alpha_i} = (\hat{a_0} + \hat{a_1} s_i)$，取 $i = 1，2，\cdots，m$；基于 bootstrap 样品来得到 a_0，a_1，b_0 和 b_1 的最大似然估计，用 $\hat{\Theta}^* = (\hat{a_0^*}，\hat{a_1^*}，\hat{b_0^*}，\hat{b_1^*})$ 表示。

步骤 3：重复步骤 2B 次，定义 $\hat{\Theta}^{*(j)}$ 表示 Θ 的 bootstrap 估计，$j = 1，2，\cdots，B$。则 $\delta(\Theta)$ 的 bootstrap 估计由 $\hat{\delta}^{*(j)} \equiv \delta(\hat{\Theta}^{*(j)})$ 表示，$j = 1，2，\cdots，B$。由 $\hat{G}_B$ 表示 $\delta(\hat{\Theta})$ 的 bootstrap 经验抽样分布，可以使用 bootstrap 估计 $\hat{\delta}^{*(j)} \equiv \delta(\hat{\Theta}^{*(j)})$，$j = 1，2，\cdots，B$。

步骤 4：定义 $(1 - 2\gamma) \times 100\%$ 的百分置信区间是 $(\hat{\delta}_L^*，\hat{\delta}_U^*)$，$\hat{\delta}_L^*$ 是 $100\gamma^{\text{th}}$ 的百分位，$\hat{\delta}_U^*$ 是 $\hat{G}_B$ 的 $100(1 - \gamma)^{\text{th}}$ 的百分位。

在可靠性估计研究中，通常感兴趣的是产品寿命的百分位数，当分布是 DTGHN$(\alpha_0，\theta_0)$，则有 $\delta(\Theta) = x_p$，在这里 $100\gamma^{\text{th}}$ 百分位 x_p 可表示为：

$$x_p = \left\{ -\frac{1}{\sqrt{\theta_0}} \Phi^{-1} \left[\Phi(-\sqrt{\theta_0}\mu^{\alpha_0}) - pd(\mu，v；\alpha_0，\theta_0) \right] \right\}^{\frac{1}{\alpha_0}} \quad (4.34)$$

当 $\mu = 0$ 和 $v = \infty$，得到 $d(\mu，v；\alpha_0，\theta_0) = 1/2$

$$x_p = \left[-\frac{1}{\sqrt{\theta_0}} \Phi^{-1}\left(\frac{1-p}{2}\right) \right]^{\frac{1}{\alpha_0}} = \left[\frac{1}{\sqrt{\theta_0}} \Phi^{-1}\left(\frac{1+p}{2}\right) \right]^{\frac{1}{\alpha_0}} \quad (4.35)$$

式(4.35)为正常使用条件下 GHN 分布的 $100\gamma^{th}$ 百分位。

4.4.3　仿真模拟与性能比较

本节进行了仿真研究，将提出的 MH-MCM 方法的估计性能与最大似然估计进行比较。当进行最大似然估计时，加速模型参数的 MLEs 通过使用 QN 算法得到。QN 算法是一种有效计算方法，它使用有限内存来实现牛顿-拉普森方法。QN 算法允许约束在区间内搜索参数的解。参数的初始解必须满足约束条件，设正常使用状态应力水平和归一化后的最高应力水平为 $s_0 = 0$ 和 $s_H = 1$。最高应力水平必须不受过度应力条件的影响，并根据工程师的认知来决定。

在本节中，对于 ALT 考虑了两个标准化应力水平 $s = (s_1, s_2) = (s_L, s_H) = (0.3, 0.1)$，令 $n = 10, 20, 30$ 组成的加速寿命试验样本数。各组的质量参数遵循 DTGHN($\alpha_i = a_0 + a_1 s_i$，$\theta_i = b_0 + b_1 s_i$)，在式(4.19)和式(4.20)中，当 $i = 1$ 和 2 时，定义 $u = 0$，$v = 5$，$a_0 = 2.5$，$a_1 = 1$，$b_0 = 0.5$ 和 $b_1 = 0.25$。应力正常使用条件下的密度曲线如图4.4 所示，两个使用应力水平下的风险率如图4.5 所示。当应力处于正常使用状态时，有 $\alpha_0 = a_0$，和 $\theta_0 = b_0$。从图4.5 可以看出当应力水平从较低的应力 s_1 移到 s_2 时，危险率会增加。

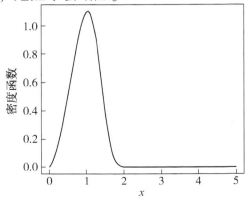

图 4.4　在 ($\alpha_0 = a_0$，$\theta_0 = b_0$) $u = 0$，$v = 5$，$a_0 = 2.5$，$b_0 = 0.5$ 条件下 DTGHN 密度曲线

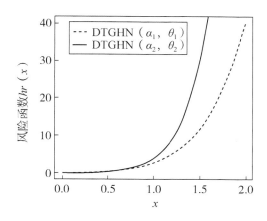

图 4.5　DTGHN(α_1, θ_1) 和 DTGHN(α_2, θ_2) 的风险比率

为了公平的比较 MH-MCMC 算法和牛顿—拉普森算法，取相同域 $D_{a_0} = \{0.5 \leqslant a_0 \leqslant 5\}$，$D_{a_1} = \{0.5 \leqslant a_0 \leqslant 5\}$，$D_{b_0} = \{0.01 \leqslant b_0 \leqslant 1.5\}$ 和 $D_{b_1} = \{0.01 \leqslant b_1 \leqslant 1.5\}$ 搜索参数 a_0，a_1，b_0 和 b_1 的估计值。由于不能适当地确定参数的初始方案，因此应用牛顿迭代法时，参数集 a_0，a_1，b_0 和 b_1 的初步方案随机地由均匀分布生成，被定义在域 D_{a_0}，D_{a_1}，D_{b_0} 和 D_{b_1} 上。应用 MH-MCMC 算法搜索参数估计值时，使用均匀分布的域 D_{a_0}，D_{a_1}，D_{b_0} 和 D_{b_1} 转化为概率 q_1，q_2，q_3 和 q_4。

考虑采用 $N = 8000$ 个链长，实现 MH-MCMC 算法。为了预烧删除前 20% 的链，在每次迭代模型运行中，从马尔科夫链中删除前 1600 个链。参数集 a_0，a_1，b_0 和 b_1 的贝叶斯估计通过剩余的 6400 个马尔科夫链得到。由于在 MH-MCMC 方法中使用了非信息先验分布，均匀分布作为转移概率，因此得到的参数集 a_0，a_1，b_0 和 b_1 的贝叶斯估计值接近于 MLEs。

图 4.6 到图 4.9 显示了 10000 个获得 MLEs 和贝叶斯对不同样本量的参数集 a_0，a_1，b_0 和 b_1 的参数估计。可以发现，随着样本量的增加，几乎所有的箱形长度都减少了。唯一例外的是图 4.6 的 MLEs。因为 QN 对与复杂的对数似然函数需要精确的参数初始来获得可靠的 MLE。

石油机械设备可靠性研究及应用

如果使用不合适的初始解，MLE 会变得不稳定。在本次模拟试验中，参数的初始解在域D_{a_0}，D_{a_1}，D_{b_0}和D_{b_1}上生成，但不能保证总能得到适当参数的初始解。这一缺点是在 ALT 模型参数搜索中实现牛顿–拉普森算法的主要困难。

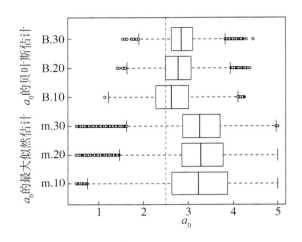

图 4.6　a_0的 10000 次估计的箱线图

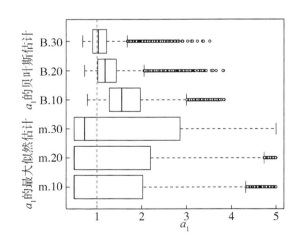

图 4.7　a_1的 10000 次估计的箱线图

基于每组样本抽样数为 n，a_0 的最大似然估计定义为"m.n"；贝叶斯估计分别定义为和"B.n"。

128

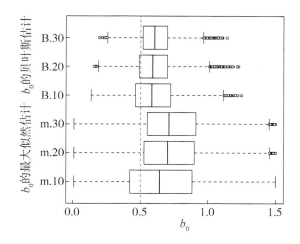

图 4.8　b_0 的 10000 次估计的箱线图

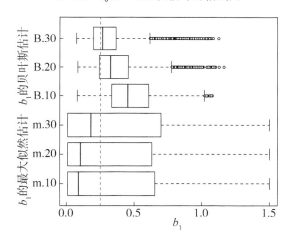

图 4.9　b_1 的 10000 次估计的箱线图

从图 4.7 到图 4.9 中，可以发现 MH–MCMC 算法获得的参数估值计优于 QN 算法获得的估计值，模型参数的估计更加可靠和稳定。另外，与 MLEs 参数估计相比，贝叶斯估计的离散度相对更小，而且几乎所有的贝叶斯估计的 ALT 模型参数中，参数的中位数都比 QN 算法获得的值更接近它们的真实值。

在 10000 次的迭代运行中，对每个参数的估计进行偏差计算和均方差计算。所有仿真结果见表 4.13 至表 4.15。从表格中可以发现，当

样本容量为 10 时，最大似然估计 MLEs 的偏差与贝叶斯估计的偏差是
有竞争性的。但是最大似然估计 MLEs 的均方误差大于贝叶斯估计的
均方误差。

表 4.13　针对 $n=10$ 时偏差和均方差的估计

算法	Bias				MSE			
	a_0	a_1	b_0	b_1	a_0	a_1	b_0	b_1
MCMC	0.1572	0.6862	0.0996	0.2341	0.296	0.7558	0.0444	0.093
MLE	0.7741	0.4973	0.1833	0.1521	1.4778	2.1301	0.1576	0.2645

表 4.14　针对 $n=20$ 时偏差和均方差的估计

算法	Bias				MSE			
	a_0	a_1	b_0	b_1	a_0	a_1	b_0	b_1
MCMC	0.2953	0.2851	0.1015	0.1185	0.2694	0.2279	0.0342	0.0437
MLE	0.8205	0.6268	0.234	0.1504	1.3075	2.5794	0.1596	0.2402

表 4.15　针对 $n=30$ 时偏差和均方差的估计

算法	Bias				MSE			
	a_0	a_1	b_0	b_1	a_0	a_1	b_0	b_1
MCMC	0.3717	0.1079	0.1133	0.0532	0.2686	0.1011	0.0311	0.0256
MLE	0.7534	0.8389	0.242	0.1948	1.3324	3.0301	0.169	0.2608

当样本量增加时，对于所有参数，贝叶斯估计优于偏差已经很小
的最大似然估计。这些结果表明，MH-MCMC 算法比牛顿-拉普森算
法更好地获得了参数的可靠性估计。这里请注意，在模拟实验中，每
个应力水平使用的最大样本容量是 30，总样本容量是 60。当 ALT 的样
本量不是很大时，所提出的 MH-MCMC 算法仍然是被接受的。充分说
明了 MH-MCMC 的优越性。

其中基于每组样本数为 n，a_1 的最大似然估计和贝叶斯估计分别定
义为"m.n"和"B.n"。

其中基于每组样本数为 n，b_0 的最大似然估计和贝叶斯估计分别定

义为"m. n"和"B. n"。

其中基于每组样本数为 n，b_1 的最大似然估计和贝叶斯估计分别定义为"m. n""B. n"。

本章基于油田数据库油管失效数据进行统计分析，给出了油管故障统计分析。油管作为抽油机井中重要机械部件之一，在使用过程中，受井筒内腐蚀、砂粒在井筒内磨损、冲蚀磨损等原因造成油管疲劳破坏失效。现场数据显示发生管螺纹断和管偏磨漏导致失效居多。基于目前油管失效情况，开展油管疲劳寿命的可靠性研究，考虑油田井下特殊复杂的工况环境，根据历史数据合理建模规划，达到科学更新和报废油管的目的，避免油管突然失效导致油井的停产以及带来的危险。此外，开展油管的寿命可靠性研究，能够对油管生产制造和使用过程中的故障预防和故障治理措施提供一定的理论指导，减少作业故障率，降低检泵作业费用，从而大幅度提高油田开发整体经济效益。

K. Cooray 和 M. M. A. Ananda 提出广义半正态分布，主要用于描述由于磨损原因造成元件失效的寿命模型，被广泛应用于工程中模拟带有磨损性质的寿命分布，符合油田机械的疲劳工作的实际情况。因此本节基于油管的失效特点，选择广义半正态分布（GHN）模型对油管寿命进行建模分析。

混合设限方案的 GHN 可以有效地节省试验花费和时间，但是混合设限生命测试必然会引起复杂的似然函数方程，导致参数求解困难。本章采用差分算法和遗传算法实现广义半正态分布的参数求解问题。通过蒙特卡罗仿真进行性能比较，分别得到了 2000 次的基于差分算法和遗传算法的均方误差计（MSE）和偏差（Bias）。结果表明，差分算法在小偏斜和平均误差损失下，优于遗传方法，可以获得更稳定的 MLEs 估计。因此本章在求解油管寿命预测模型时，选择差分算法求解模型的参数估计值。

　　针对大庆油田某区块油管的故障数据进行建模分析，采用差分算法求解模型参数。根据分位数函数，计算出了油管在已经工作了一定时间后，即将发生失效的概率，同时计算了风险概率和存活概率。

　　由于技术的不断发展，现在越来越多的元件寿命有很大的提高，从而给测试试验带来了很大的局限性，本章基于广义半正态模型（GHN），进行模型扩展，引入加速试验，提高试验效率及应用范围。提出双截断广义半正态加速模型（DTGHN），使得模型具有一般化，双截断广义半正态分布（DTGHN）涵盖了许多特殊的寿命分布。因此双截断广义半正态分布（DTGHN）可以作为寿命模型的数据的一个很好的候选分布。

第5章　基于补偿验收方案模型贝叶斯推断的抽油泵可靠性分析

5.1　某区块机采井设备抽油泵故障统计分析

抽油泵是由抽油机带动运作，把井内原油抽到地面的常用井下装置。普通抽油泵主要由泵筒、吸入阀、活塞以及排除阀四部分组成。按照抽油泵在井下的固定方式，可分为管式泵和杆式泵。

管式泵又称油管泵，特点是把外筒、衬套和吸入阀在地面组装好并接在油管下部先下入井中，然后把装有排出阀的活塞用抽油杆通过油管下入泵中。衬套由材料加工成若干节，衬入外筒内部。活塞是用无缝钢管制成的中空圆柱体，外表面光滑带有环状沟槽，作用是让进入活塞与衬套间隙的砂粒聚集在沟槽内，防止砂粒磨损活塞与衬套，并且沟槽中存的油起润滑活塞表面的作用。检泵和起泵时为了泄掉油管中的油，可采用可打捞的吸入阀，通过下放杆柱，让活塞下端的卡扣咬住吸入阀的打捞头，把吸入阀提出。但是由于吸入阀打捞头占据泵内空间，使泵的防冲距和余隙容积大，容易受气体的影响而降低泵效。目前大多数下入管式泵的井，是在油管下部安装泄油器，通过打开泄油器泄掉油管中的油。在下入大泵的井中，由于活塞直径大于油管内径，不能通过油管下入活塞，采用的方法是先把活塞随油管下入井中，后下入抽油杆柱，利用一个称为脱节器的装置与泵中活塞对接。

管式泵结构简单，成本低，在相同油管直径下允许下入的泵径比杆式泵大，因而排量大。但检泵时必须起下油管，修井工作量大，故适用于下泵深度不大，产量较高的井。

杆式抽油泵又称为插入泵，其中定筒式顶部固定杆式泵特点是有内外两个工作筒，外工作筒上端装有椎体座及卡簧(卡簧的位置为下泵深度)，下泵时把外工作筒随着油管先下入井中，然后装有衬套、活塞的内工作筒接在抽油杆的下端下入外工作筒中并由卡簧固定。另外，还有固定点在泵筒底部的定筒式底部固定杆式泵，以及将活塞固定在底部，由抽油杆带动泵筒上下往复运动的动筒式底部固定杆式泵。检泵时不需要起出油管，而是通过抽油杆把内工作筒拔出。杆式泵检泵方便，但结构复杂，制造成本高，在相同的油管直径下允许下入的泵径较管式泵要小，适用于下泵深度较大、产量较小的油井。目前常规抽油泵存在金属活塞和衬套加工要求高，制造不方便，且易磨损的缺点。

大庆油田大部分采用管式泵，根据某区块 2013 年至 2018 年查井史和油井检泵作业记录，分别对水驱、聚合物驱和三元复合驱抽油杆故障类型进行统计分析，计算出抽油杆断脱的主要因素的百分比，为后续进行可靠性分析做出必要的数据分析。根据查井史和油井检泵作业记录，水驱抽油机作业 1986 井次，聚合物驱抽油机作业 1207 井次，三元复合驱抽油机作业 79 井次。

根据作业记录，抽油泵失效形式包括固定阀失效、游动阀失效、泵活塞失效和工作筒失效，其中泵活塞失效主要包括柱塞失效和卡泵。首先将故障按照水驱、聚合物驱和三元复合驱分开统计，其次将故障主要分为泵固定阀失效、游动阀失效、泵活塞失效、工作筒失效以及卡泵失效方式。再次把 6 年数据所有失效数据汇总到一起，最后求出年平均失效次数，计算出泵固定阀失效、游动阀失效、泵活塞失效、工作筒失效以及卡泵失效所占据的百分比。具体统计结果见表 5.1 至

表 5.3。

表 5.1　水驱抽油泵失效类型统计表

失效类型	失效井数(口)	年平均失效井数(口)	失效井占总井数比例(%)
固定阀	1929	321	46.52
游动阀	1137	189	27.42
卡泵	288	48	6.94
工作筒	33	5	0.80
泵活塞	760	127	18.33

表 5.2　聚合物驱抽油泵失效类型统计表

失效类型	失效井数(口)	年平均失效井数(口)	失效井占总井数比例(%)
固定阀	812	135	54.68
游动阀	255	42	17.17
卡泵	126	21	8.48
工作筒	7	1	0.47
泵活塞	285	47	19.19

表 5.3　三元复合驱抽油泵失效类型统计表

失效类型	失效井数(口)	年平均失效井数(口)	失效井占总井数比例(%)
固定阀	115	19	19.46
游动阀	48	8	8.12
卡泵	388	651	65.65
工作筒	5	1	0.85
泵活塞	35	6	5.92

5.2　具有补偿政策的 3pBurr-XII 分布模型

5.2.1　补偿验收抽样方案寿命试验

抽油泵是采油系统中最重要的起重设备之一。抽油泵在运行过程中，在循环加载、液体腐蚀和砂粒磨损的作用下，随着时间的推移导致磨损，由疲劳断裂或磨损泄漏引起失效，是发生故障最多的设备，也是故障原因最复杂的设备。因此本节采用具有补偿政策的 3pBurr-XII 分布模型对抽油泵进行分析预测。

验收试验是统计可靠性测试的一种，主用于产品的质量控制。如何设计最优的验收方案是可靠性应用的重要问题之一，其方法涉及评估产品寿命的一系列规则，普遍的方案是基于产品的平均失效时间。对于预期是高性能的产品通常情况下是给定一个可接受概率，当样本的平均失效时间以很大的概率超过给定的阈值时予以接受，否则拒绝。目前有大量文献关于可靠性设计的研究，有基于截断数据的研究，有基于各种分布的研究，以及基于各种设限条件下的研究。在贝叶斯框架下设计抽样方案的研究逐渐发展活跃起来，为了达到减少故障可靠性测试的样本量的数目，将贝叶斯方法与经典统计方法在同样背景下进行性能比较，可以得到在适当的先验信息条件下贝叶斯方法可以有效减少测试时间。如果有效利用历史经验和专业知识，在很多情况下都可以为统计推断提供恰当的先验信息。

Tsai 等人于 2015 年提出了针对两参数广义指数分布的最优抽样设计的贝叶斯推断方法[11]。设计可靠性抽样方案的一个现实问题是试验的费用，包括单位测试成本、接受成本和拒绝成本等。目前为了提高产品的竞争力制订补偿政策是一种有效的方式，因此，综合考虑补偿和成本问题是必要的。

在寿命测试中，由于可靠产品的寿命较长，很难从寿命测试中获得完整寿命的样品数据。试验人员通常需要在预定的试验时间停止寿命试验，然后使用截断或设限的样本来评估寿命产品的可靠性。在截断寿命试验中，试验人员可以使用观察到的失效单元数作为信息进行可靠性分析。大多数研究都集中在寻找最小的样本量，以保证在寿命试验终止时，观察到的失效单元数不超过预先分配的验收数量。为了保护使用者的利益，在截断寿命试验中，只有在保证平均寿命具有较高概率的情况下，才有必要接受所提交的批次。因此，当达到允许失败产品的阈值或通过预先设定的条件到达时，可以终止截断寿命测试。近 20 年来，基于截尾抽样的验收抽样方案方法得到了广泛的研究。现有的基于截尾样本的验收抽样方案大多能保证产品的平均寿命。总之，若提交批次产品的平均使用寿命高概率超过特定下限，则接受提交批次；否则，提交的产品批次不予受理。

5.2.2　模型参数估计

如何在成本和时间限制下保证产品的可靠性是一个优化问题，理论上需要大量产品投入测试，实际操作中怎样能够在最少测试的基础上达到既定目标。基于产品可靠性优化设计旨在降低结构成本，包括最小化预期总成本。已有文献研究了基于按比例保证补偿政策的抽样最优设计，但建立在最大似然估计基础上，在模拟计算中不能得到满意的结果。本节在此基础上，建立基于 Burr-XII 分布下删失数据的最优抽样设计，总成本模型中包含固定成本、变动成本和保证成本三部分。

令 $\{t_1, t_2, \cdots, t_n\}$ 为提交批次中元件寿命的随机样本。批次数量是 $N(\geqslant n)$ 服从三参数 Burr 分布。3pBurr-XII 分布的概率密度函数和累积分布函数为：

$$f_T(t) = f(t \mid c, k, \beta) = \frac{ck}{\beta}\left(\frac{t}{\beta}\right)^{c-1}\left[1 + \left(\frac{t}{\beta}\right)^c\right]^{-(k+1)} \tag{5.1}$$

$$F_t(t) = F(t \mid c, k, \beta) = 1 - \left[1 + \left(\frac{t}{\beta}\right)^c\right]^{-k} \qquad t, c, k, \beta > 0 \tag{5.2}$$

其中，c 为内形状参数，k 为外形状参数，β 是尺寸参数。样品中的所有部件都被执行截断寿命试验。截断寿命试验开始于$t_0 = 0$，τ是终止时间，当预定的时间到达，或者预先指定数量的元件失效个数$(r_c + 1)$首先被观察到的时候，如果失效的个数X没有超过事先指定的验收数量，提交的批次是可以被接受的。也就是说，当计划时间是τ，如果$X \leqslant r_c$时，提交批次是可以接受的。

为了定义保修政策，令w_1和w_2分别为总保修和比率保修的期限。每一个可接受样本的比率返修成本取决于它的寿命T。当寿命小于总保修值时，即$T < w_1$，则命名为$c_a^*(T) = c_a$，如果当寿命位于总保修值时和比率保修期限之间时，即$w_1 \leqslant T < w_2$，则$c_a^*(T) = c_a(w_2 - T)/(w_2 - w_1)$。如果$T \geqslant w_2$，则$c_a^*(T) = 0$。在这里$c_a$是在质保期内已验收批次外部故障的单位验收成本。用分部积分的方法$\int_{w_1}^{w_2} t f_T(t)\,\mathrm{d}t$，可以得到单位预期保修成本：

$$\varpi(c, k, \beta) = c_a \times P(T < w_1) + \frac{c_a(w_2 - T)}{(w_2 - w_1)} \times P(w_1 \leqslant T < w_2)$$

$$= c_a \left[1 - \frac{1}{w_2 - w_1} \int_{w_1}^{w_2} (1 + t_\beta^c)^{-k}\mathrm{d}t \right] \tag{5.3}$$

在这里$t_\beta = t/\beta$。

验收批次的保修费用可定义为：

$$W(c, k, \beta) = (N - n)\,\varpi(c, k, \beta)\,P(X \leqslant r_c)$$

$$= (N - n)\,\varpi(c, k, \beta) \sum_{i=0}^{r_c} \binom{n}{i} p_\tau^i (1 - p_\tau)^{n-i} \tag{5.4}$$

在这里$p_\tau = F_T(\tau) = 1 - (1 + \tau_\beta^c)^{-k}$，$\tau_\beta = \tau/\beta$。

提交批次的拒绝花费可以定义为：

$$R(c, k, \beta) = (N - n)\,c_r P(X \geqslant r_c + 1)$$

$$= (N - n)\,c_r \sum_{i=r_c+1}^{n} \binom{n}{i} p_\tau^i (1 - p_\tau)^{n-i} \tag{5.5}$$

在这里 c_r 是初始拒绝费用。

在给出形状参数为 c 和 k，规模参数为 β 的条件下，具有抽样计划 (n, r_c, τ) 的总成本函数可以被表示为：

$$\Psi(n, r_c, \tau \mid c, k, \beta) = n c_s + c_\tau \min(\tau, T_{r_c+1}) + W(c, k, \beta) + R(c, k, \beta)$$

$$(5.6)$$

在这里 c_s 是单位试验费用；c_τ 是寿命测试中单位时间成本；T_{r_c+1} 是失效组件在 $(r_c+1)^{th}$ 时刻的观察时间。

因为预定的时间 τ 是主观的，T_{r_c+1} 是随机变量，用 $\eta(c, k, \beta) = E(T_{r_c+1} \mid T_{r_c+1} \leqslant \tau)$。替换式（5.6）中 $\min\{\tau, T_{r_c+1}\}$ 这一项，经过代数计算，$\eta(c, k, \beta)$ 可以表示为：

$$\eta(c, k, \beta) = \frac{\int_0^\tau t f_{T_{r_c+1}}(t)\,\mathrm{d}t}{F_{T_{r_c+1}}(\tau)} = \frac{\beta^c \int_0^{p_\tau} \left[(1-z)^{-\frac{1}{k}} - 1\right]^{\frac{1}{c}} z^{r_c} (1-z)^{n-r_c-1}\mathrm{d}z}{\int_0^{p_\tau} s^{r_c} (1-s)^{n-r_c-1}\mathrm{d}s}$$

$$(5.7)$$

在这里

$$f_{T_{r_c+1}}(t) = (r_c + 1) \binom{n}{r_c+1} p_t^{r_c} (1-p_t)^{n-r_c-1} f_T(t) \qquad t > 0 \quad (5.8)$$

并且

$$F_{T_{r_c+1}}(\tau) = (r_c + 1) \binom{n}{r_c+1} \int_0^{p_\tau} s^{r_c} (1-s)^{n-r_c-1}\mathrm{d}s \qquad (5.9)$$

总成本函数式（5.6）可以被表示为：

$$\Psi(n, r_c, \tau \mid c, k, \beta) = n c_s + c_\tau \eta(c, k, \beta) + W(c, k, \beta) + R(c, k, \beta)$$

$$(5.10)$$

只有在 c，k 和 β 是已知的情况下，总成本函数式（5.10）才可以应用于实践当中。然而，在大多数可靠性应用中，试验缺乏 c，k 和 β 的精确的认识。因此将式(5-10)直接应用于最优验收抽样方案的搜索是困难的。在这项研究中，考虑 c 作为参数 k 和 β 的随机变量。参数 k 和 β 视为随机变量有以下联合密度函数：

$$\pi(k, \beta \mid \alpha, \gamma) = \pi_1(k \mid \alpha, \gamma) \times \pi_2(\beta) \qquad (5.11)$$

在这里

$$\pi_1(k \mid \alpha, \gamma) = \frac{1}{\Gamma(\alpha)\, \gamma^\alpha} k^{\alpha-1}\, e^{-\frac{k}{\gamma}} \qquad k, \alpha, \gamma > 0 \qquad (5.12)$$

$\pi_2(\beta)$ 是正比于常数。

伽马函数被广泛用于 Burr-XII 形状参数的先验分布。具有形状参数 α、规模参数 γ，k 的伽马函数的密度函数为 $\pi_1(k \mid \alpha, \gamma)$，$\pi_2(\beta)$ 为非信息函数。

基于型 II 设限样本 $t_{\mathrm{II}} = (t_{1:n}, t_{2:n}, \cdots, t_{m:n})$，可以获得方程式 (5.11) 的 α，γ 和 β 估计，令 $t_{\beta, i} = t_{i:n}/\beta$，$i = 1, 2, \cdots, m$，可获得似然函数方程为：

$$L(c, k, \beta \mid t_{\mathrm{II}}) = \prod_{i=1}^{m} f_T(t_{i:n}) \left[1 - F_T(t_{m:n}) \right]^{n-m}$$

$$= \frac{c^m k^m}{\beta^m} \times \prod_{i=1}^{m} t_{\beta, i}^{c-1} \times \prod_{i=1}^{m} \left(1 + t_{\beta, i}^c \right)^{k-1} \times \left(1 + t_{\beta, m}^c \right)^{-k(n-m)}$$

$$= \frac{c^m k^m}{\beta^m} \times e^{(c-1)\sum_{i=1}^{m}\ln(t_{\beta, i}) - \sum_{i=1}^{m}\ln(1+t_{\beta, i}^c)} \times e^{-k\left[\sum_{i=1}^{m}\ln(1+t_{\beta, i}^c) + (n-m)\ln(1+t_{\beta, m}^c)\right]}$$

$$(5.13)$$

产品的 $L(c, k, \beta \mid t_{\mathrm{II}})\pi(k, \beta \mid \alpha, \gamma)$ 为：

$$L(c, k, \beta \mid t_{\mathrm{II}})\pi(k, \beta \mid \alpha, \gamma) \propto = \frac{c^m \Gamma(m + \alpha)}{\Gamma(\alpha)\, \gamma^\alpha} \times h_1(\beta) \times g(k \mid \beta)$$

$$(5.14)$$

在这里

$$I_{\beta} \equiv I(t_{\text{II}}, \gamma, c) = \frac{1}{\gamma} + \sum_{i=1}^{m} \ln(1 + t_{\beta, i}^{c}) + (n - m)\ln(1 + t_{\beta, m}^{c})$$

$$(5.15)$$

$$h_1(\beta) = \frac{e^{(c-1)\sum_{i=1}^{m}\ln(t_{\beta, i}) - \sum_{i=1}^{m}\ln(1+t_{\beta, i}^{c})}}{\beta^{m} I_{\beta}^{m+\alpha}} \qquad (5.16)$$

$$g(k \mid \beta) = \frac{I_{\beta}^{m+\alpha}}{\Gamma(m + \alpha)} k^{m+\alpha-1} e^{-k \times I_{\beta}} \qquad (5.17)$$

令 $m(t_{\text{II}} \mid \alpha, \gamma, c) = \int_{0}^{\infty}\int_{0}^{\infty} L(c, k, \beta \mid t_{\text{II}})\pi(k, \beta \mid \alpha, \gamma)\mathrm{d}k\mathrm{d}\beta$，
则 $m(t_{\text{II}} \mid \alpha, \gamma, c)$ 可以表示为

$$m(t_{\text{II}} \mid \alpha, \gamma, c) \propto \frac{c^{m}\Gamma(m + \alpha)}{\Gamma(\alpha)\gamma^{\alpha}} \times \delta(t_{\text{II}} \mid \alpha, \gamma, c) \qquad (5.18)$$

在这里

$$\delta(t_{\text{II}} \mid \alpha, \gamma, c) = \int_{0}^{\infty} h_1(\beta) \qquad (5.19)$$

通过简单的推导，后验分布可以表示为：

$$\pi(k, \beta \mid t_{\text{II}}) = h_1(\beta) \times g(k \mid \beta) \qquad (5.20)$$

由于需要未知参数 α，γ 和 c 的信息，来寻找贝叶斯抽样计划，因此需要采用 EB 过程来估计 α，γ 和 c 的值。最后定义 α，γ 和 c 的估计值为 $\hat{\alpha}$，$\hat{\gamma}$ 和 $\hat{c}$，三个估计值 $\hat{\alpha}$，$\hat{\gamma}$ 和 $\hat{c}$ 可以通过式 (5.21) $D = \{(\alpha, \gamma, c) \mid \alpha > 0, \gamma > 0, c > 0\}$ 来确定。

$$(\hat{\alpha}, \hat{\gamma}, \hat{c}) = \underset{(\alpha, \gamma, c) \in D}{\arg \max} \, m(t_{\text{II}} \mid \alpha, \gamma, c) \qquad (5.21)$$

后验总成本函数可以获得：

$$\Psi(n, r_c, \tau \mid \alpha, \gamma, c) = \int_{0}^{\infty}\int_{0}^{\infty} [nc_s + c_{\tau}\eta(c, k, \beta) + W(c, k, \beta) +$$
$$R(c, k, \beta)]\pi(k, \beta \mid t_{\text{II}})\mathrm{d}k\mathrm{d}\beta$$
$$= \int_{0}^{\infty}\int_{0}^{\infty} h_2(k \mid \beta) \times g(k \mid \beta)\mathrm{d}k\mathrm{d}\beta$$

$$= \int_0^\infty E_{k|\beta} \big[h_2(k \mid \beta) \big] \mathrm{d}\beta \qquad (5.22)$$

在这里

$$h_2(k \mid \beta) = [n\,c_s + c_\tau \eta(c,\ k,\ \beta) + W(c,\ k,\ \beta) + R(c,\ k,\ \beta)] h_1(\beta)$$

$$(5.23)$$

因为包含了反常积分，因此这里获得 $\delta(t_{\mathrm{II}} \mid \alpha,\ \gamma,\ c)$ 和 Ψ $(n,\ r_c,\ \tau \mid \alpha,\ \gamma,\ c)$ 的值是困难的，算法 1 和算法 2 提供了如何计算 $\delta(t_{\mathrm{II}} \mid \alpha,\ \gamma,\ c)$ 和 $\Psi(n,\ r_c,\ \tau \mid \alpha,\ \gamma,\ c)$ 的值。

算法 1：$\delta(t_{\mathrm{II}} \mid \alpha,\ \gamma,\ c)$ 值的评估。

步骤 1：将 $u = \dfrac{1}{1+\beta}$ 代入反常积分 $\displaystyle\int_0^\infty h_1(\beta)\,\mathrm{d}\beta$，可以得到：

$$\delta(t_{\mathrm{II}} \mid \alpha,\ \gamma,\ c) = \int_0^1 h_1\!\left(\frac{1}{u} - 1 \right) \frac{1}{u^2} \mathrm{d}u$$

步骤 2：$\delta(t_{\mathrm{II}} \mid \alpha,\ \gamma,\ c)$ 的值采用蒙特卡罗方法进行评估 δ $(t_{\mathrm{II}} \mid c,\ \alpha,\ \gamma) \simeq \dfrac{1}{B} \displaystyle\sum_{i=}^{B} \left[h_1\!\left(\frac{1}{u_i} - 1 \right) \frac{1}{u_i^2} \right]$，在这里 $\{ u_1,\ u_2,\ \cdots,\ u_B \}$ 是源于 $U(0,\ 1)$ 的随机抽样。

算法 2：$\Psi(n,\ r_c,\ \tau \mid \alpha,\ \gamma,\ c)$ 中 $\displaystyle\int_0^\infty E_{k|\beta}[h_2(k \mid \beta)]\mathrm{d}\beta$ 值的评估。

步骤 1：将 $u = \dfrac{1}{1+\beta}$ 代入反常积分 $\displaystyle\int_0^\infty E_{k|\beta}[h_2(k \mid \beta)]\mathrm{d}\beta$，将得到 $\Psi(n,\ r_c,\ \tau \mid \alpha,\ \gamma,\ c)$：

$$\Psi(n,\ r_c,\ \tau \mid \alpha,\ \gamma,\ c) = n\,c_s + \int_0^1 \frac{1}{u^2} E_{k|\beta}\!\left[h_2\!\left(k \mid \beta = \frac{1}{u} - 1 \right) \right] \mathrm{d}u$$

$$(5.24)$$

然后，$\Psi(n,\ r_c,\ \tau \mid \alpha,\ \gamma,\ c)$ 可以由

$$\Psi(n,\ r_c,\ \tau \mid \alpha,\ \gamma,\ c) \simeq n\,c_s + \frac{1}{B} \sum_{i=}^{B} \left\{ \frac{1}{u_i^2} E_{k|\beta_i}\!\left[h_2\!\left(k \mid \beta_i = \frac{1}{u_i} - 1 \right) \right] \right\}$$

估计，在这里 $\{u_1, u_2, \cdots, u_B\}$ 原于 $U(0, 1)$ 抽样，值 $E_{k \mid \beta_i}$ $\left[h_2\left(k \mid \beta_i = \dfrac{1}{u_i} - 1\right)\right]$ 可以从步骤 2 获得。

步骤 2：对于每一个 $\beta_i = \dfrac{1}{u_i} - 1$，从伽马函数产生随机抽样 $\{k_1, k_2, \cdots, k_B\}$，密度函数由式（5.12）给出。$E_{k \mid \beta_i}[h_2(k \mid \beta_i)]$ 的值可以采用采用蒙特卡罗积分方法由 $E_{k \mid \beta_i}[h_2(k \mid \beta_i)] \simeq \dfrac{1}{B}\sum\limits_{j=1}^{B} h_2(k_j \mid \beta_i)$ 获得。在这里 B 是正整数。在 $\widehat{\alpha}$，$\widehat{\gamma}$ 和 $\widehat{c}$ 被获得以后，可以做 α，γ 和 c 的插值估计。EB 抽样计划的后验最小总成本函数 $\Psi(n, r_c, \tau \mid \widehat{\alpha}, \widehat{\gamma}, \widehat{c})$ 利用算法 3 寻找确定。

算法 3：寻找 EB 抽样计划

步骤 1：对于每一组 (n, τ)，基于参数插值 $\widehat{\alpha}$，$\widehat{\gamma}$ 和 $\widehat{c}$，搜索最优可接受 EB 抽样计划 $r_c^*(n)$，

$$\Psi(n, r_c^*(n), \tau \mid \widehat{\alpha}, \widehat{\gamma}, \widehat{c}) = \min_{r_c(n) = 0, 1, \cdots, n} \Psi(n, r_c(n), \tau \mid \widehat{\alpha}, \widehat{\gamma}, \widehat{c})$$

（5.25）

步骤 2：最优的 EB 抽样计划 (n^*, r_c^*, τ) 可以表示为：

$$\Psi(n^*, r_c^*, \tau \mid \widehat{\alpha}, \widehat{\gamma}, \widehat{c}) = \min_{n \in B} \Psi(n, r_c^*(n), \tau \mid \widehat{\alpha}, \widehat{\gamma}, \widehat{c})$$

（5.26）

在这里 B 是根据测试设备的容量而定的解空间。

因为基于使用插值参数 $\widehat{\alpha}$，$\widehat{\gamma}$，$\widehat{c}$ 获得的最优 EB 抽样计划是使用算法 3。获得的最优 EB 抽样计划是近似的。算法 3 采用网格搜索的方法，在参数有限切割点的参数域内搜索最优 EB 采样方案，从而保证了算法 3 的收敛性。

5.2.3 仿真模拟及性能比较

在这一部分，进行仿真学习来评定 QN 算法、PSO 算法和 GA 算法三种方法的对于寻找相同领域内，三个参数 α，γ 和 c 的统计性能。考虑式(5.11)的联合分布函数中超参数 $\alpha = 2$ 和 $\gamma = 1$。型 II 设限抽样 $n = 50$ 和 $m = 25$，从 3pBurr-XII 分布获得 35 次失效数据，此时 $c = 1$，$\beta = 3$。k 值由式(5.12)的分布函数伽马函数生成，仿真研究中截尾率(CRs)分别为 0.5 和 0.3。(α, γ, c) 的定义域为 $D_1 = \{(\alpha, \gamma, c) \mid 0.5 < \alpha < 5,\ 0.5 < \gamma < 5$ 和 $0.5 < c < 5\}$，采用 QN 算法、PSO 算法和 GA 算法用于寻找 α，γ 和 c 的估计值。由于参数域较窄时，GA 是收敛的，所以在比较它们的估计性能时，使用了 D_1 定义域来保证 QN 算法、PSO 算法和 GA 算法在所有 10000 次模拟中都是收敛的。目的是比较在相同的定义域下所提出的 EB 过程的 QN 算法、PSO 算法和 GA 算法的估计性能，在相同的域内可以搜索可靠的参数估计。然后，根据每个参数的 10000 个估计结果来评估偏差和均方误差。

在仿真研究中，将种群大小设为 50，交叉概率设为 0.8，变异概率设为 0.1，最大迭代次数设为 100 来实现遗传算法 GA 的参数估计。将群体大小设置为 12，局部和全局搜索常数设置为 0.5+lg2，最大迭代设置为 100，用于实现 PSO 算法的参数估计估计。

GA 算法和 PSO 算法中的所有参数都是通过对两个训练样本的反复试验确定的，两个训练样本的大小均为 50，CR 分别为 0.30 和 0.50。使用 R 软件包"PSO"、"GA"和"optim"实现 PSO、GA 和 QN 三种算法来搜索参数的 EB 估计值。为方便区分，将三种方法分别表示为 PSO-EB、QN-EB 和 GA-EB。由于参数的尺度是不同的，此处采用检测值 $\mathrm{sMSE}_\theta = \sqrt{\mathrm{MSE}}/\theta$ 代替 MSE 作为比较量，所有仿真结果见

表 5.4 和表 5.5。

表 5.4　$CR = 0.3$ 时 PSO-EB，GA-EB，QN-EB 的偏差和均方差的估计值

算法	PSO-EB		QN-EB		GA-EB	
	Bias	$sMSE_\theta$	Bias	$sMSE_\theta$	Bias	$sMSE_\theta$
$\widehat{\alpha}$	1.0026	0.8103	0.7662	0.7568	2.4837	1.2468
$\widehat{\gamma}$	2.0359	2.3869	1.7376	2.1693	3.4838	3.4907
$\widehat{c}$	−0.0059	0.3468	1.7587	2.1856	−0.1389	0.2075

表 5.5　$CR = 0.5$ 时 PSO-EB，GA-EB，QN-EB 的偏差和均方差的估计值

算法	PSO-EB		QN-EB		GA-EB	
	Bias	$sMSE_\theta$	Bias	$sMSE_\theta$	Bias	$sMSE_\theta$
$\widehat{\alpha}$	1.0674	0.8166	0.7565	0.7504	2.4697	1.2399
$\widehat{\gamma}$	2.1491	2.4692	1.7604	2.1866	3.4779	3.4847
$\widehat{c}$	−0.0030	0.3604	1.7453	2.1748	−0.1617	0.2581

　　由表 5.4 和表 5.5 可以看出，这两个表的估计值是相似的。也就是说，样本容量为 50，CR 值为 0.5 或更低，足够满足所提出的估计方法的需要。此外，在超参数 α 和 γ 的估计上比较了 PSO-EB，GA-EB 和 QN-EB 方法性能。PSO-EB 和 QN-EB 的偏差和均方差比 GA-EB 估计小，α 和 γ 参数估计上，QN-EB 方法执行较优。除此之外，c 的 QN-EB 估计的偏差和均方差远远超过 PSO-EB 和 GA-EB 的估计值。也就是说，内部形状参数 c 的 QN-EB 方法执行明显比 PSO-EB 和 GA-EB 方法估计显著。在 α 和 γ 估计上，PSO-EB 估计逊色于 QN-EB 估计，但在参数 c 上，PSO-EB 估计比 QN-EB 估计更加稳定，在 α 和 γ 的偏差和均方差方面，GA-EB 方法比其他两种估算方法更差一些。总的来说，在仿真结果中，可以发现在进行的估算参数 α，γ 和 c 的模拟研究中，PSO-EB 方法更稳定。

　　由于遗传算法包含交叉和变异计算，因此它比 PSO 和 QN 方法需要更多的时间来搜索参数估计。总的来说，建议在建议的 EB 过程中使用 PSO，并建议在搜索最优 EB 采样计划时使用 PSO-EB 估计作为

插件参数。

5.3 抽油泵寿命预测及可靠性分析

5.3.1 基于 3pBurr-Ⅻ分布模型抽油泵寿命预测

油井泵是采油系统中最重要的起重设备之一。正常情况下，油井泵在运行过程中，在循环加载、液体腐蚀和砂粒磨损的作用下，随着时间的推移导致磨损，由疲劳断裂或磨损泄漏引起失效。油井泵的使用寿命对整个抽油系统的可靠性至关重要。本章采用第 3 章的扩展模型 3pBurr-Ⅻ模型对抽油泵进行寿命分析。

根据抽油泵的的寿命属于型Ⅱ截尾数据，选取基本相同工作环境下，样本数 $n=138$ 以及失效数 $r=124$，进行预测求解模型参数。截尾率为 $CR=0.101$，以年为单位来评估油井泵的可靠性。牛顿的最大似然估计初始值取 $(c_0, \alpha_0, k_0) = (0.5, 1, 1.5)$，得到 c，k 和 α 的参数估计为 1.986，5.76 和 5.569。利用转移概率函数 $N(\mu_c=2, \sigma_c^2=0.5)$，$N(\mu_\alpha=6, \sigma_\alpha^2=1)$ 和 $N(\mu_k=5, \sigma_k^2=1)$，$N=5000$，实现 MH-MCMC 算法 1，$M=500$ 链用于预烧。获得的 MH-MCMC 估计值为 $\widehat{c_m}=1.982$，$\widehat{\alpha_m}=5.694$ 和 $\widehat{k_m}=5.313$。表 5.6 为 MH-MCMC 估计值的 q^{th} 分位数的。报告了 $q=0.05$，0.10，0.20，0.50 时，使用算法 2 来获得 x_q 的 95% 置信区间。

表 5.6 基于 MH-MCMC 方法抽油泵 t_q 估计 95% 的区间估计

q	$\widehat{x_{m,q}}$	L_q	U_q
0.05	0.5493	0.5408	0.5554
0.10	0.7919	0.7820	0.7983
0.20	1.1628	1.1524	1.1679
0.50	2.1069	2.0950	2.1092

由表 5.6 可知，约 5% 油井泵使用 0.5493 年后会发生损坏，油井

泵的中位寿命约为 2.1069 年。也就是说有 5% 的油井泵在使用 201 天左右就会损坏，油井泵的使用寿命中值在 770 天左右。考虑采样误差后，5% 油井泵的寿命可以从 0.5408~0.5554 年或 198~203 天不等，油井泵的中位寿命可以从 2.0950~2.1092 年或 765~770 天不等，这与实际抽油泵的作业状态相符。

5.3.2　基于 3pBurr-XII 分布模型抽油泵可靠性分析

油井泵是起重设备中最重要的部件，但在抽油杆抽油系统中，该设备的作用较弱。在抽油泵系统的运行过程中，由于循环载荷、液体腐蚀和砂粒磨损等原因，油井泵的性能会随着时间的推移而下降。疲劳断裂或磨损泄漏是造成油井抽油泵严重失效的主要原因。油井泵的寿命与整个抽油杆泵系统的可靠性密切相关。本章共测试了 $n = 138$ 口油井泵，观察到 $m = 124$ 口抽油泵出现故障。

假设抽油泵的寿命服从 3pBurr-XII 分布，采用 Goldmann 等提出的测试程序，即算法 4 来测试该类型的油井泵截尾寿命样本是否符合 3pBurr-XII 分布。结果如图 5.1 所示。

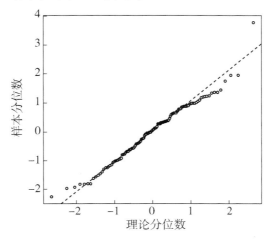

图 5.1　基于型 II 设限抽样抽油泵的分位数图

算法 4：基于型 II 设限的拟合优度试验方法。

步骤 1：基于型 II 设限样本 $\{t_{1:n},\ t_{2:n},\cdots,t_{m:n}\}$，在式（5.2）的利用 $\widehat{c}_m$，$\widehat{k}_m$ 和 $\widehat{\beta}_m$ 估 α，γ 和 β 的值。

步骤 2：计算 $y_i = \Phi^{-1}(u_{i:m})$，$i = 1$，2，$\cdots$，m，在这里 $\Phi(\cdot)$ 是标准正态分布函数。

步骤 3：计算 $z_i = \dfrac{y_i - \bar{y}}{s_y}$，$j = 1$，2，$\cdots$，$m$，在这里 $\bar{y} = \dfrac{\sum\limits_{i=1}^{m} y_i}{m}$ 和 s_y^2

$$= \frac{\sum\limits_{j=1}^{m}(y_j - \bar{y})^2}{m-1}。$$

步骤 4：对 z_i，$i = 1$，2，$\cdots$，m，应用 Anderson-Darling 正态性检验。

使用 R 软件包中的"ad. test"执行 Anderson-Darling 测试。得到 Anderson-Darling 检验统计量的值为 0.4431，p 值为 0.2824。测试结果表明，3pBurr-XII（$c = 1.982$，$k = 5.313$，$\beta = 5.694$）是一个拟合油井泵寿命的较好模型。从图 5.1 显示中可以看出来，3pBurr-XII（$c = 1.982$，$k = 5.313$，$\beta = 5.694$）符合这一数据集的特点。

基于第 3 章的计算方法，采用马尔可夫链蒙特卡罗估计，求得了这一组的数据集的估计参数 $\widehat{c}_m = 1.982$，$\widehat{k}_m = 5.313$ 和 $\widehat{\beta}_m = 5.694$。考虑 3pBurr-XII 20% 和 50% 百分位数，分别为记为 w_1 和 w_2，得出 $w_1 = 1.1625$ 和 $w_2 = 2.1067$ 。

首先，从 $n = 50$ 和 $m = 25$ 的 3pBurr-XII（$c = 1.982$，$k = 5.313$，$\beta = 5.694$）产生 200 个型 II 设限样本，用于研究 PSO-EB，QN-EB 和 GA-EB 估计，并在定义域 $D_2 = \{(\alpha,\ \gamma,\ c) \mid 0.5 < \alpha < 5,\ 0.5 < \gamma < 5,\ 0.5 < c < 5\}$；采用超参数 $\alpha = 2$，$\gamma = 3$ 的联合密度方程，参见式（5.11）。PSO-EB，QN-EB，和 GA-EB 三种算法的估计值的箱线图如图 5.2 至图 5.4 所示。

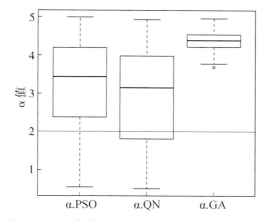

图 5.2　α 为真值 2 的情况下 100 次统计的箱线图

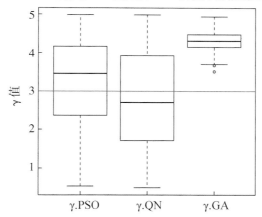

图 5.3　γ 为真值 3 的情况下 100 次统计的箱线图

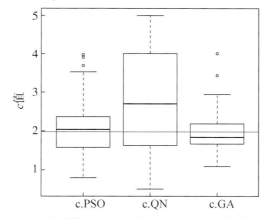

图 5.4　c 为真值 1.982 的情况下 100 次统计的箱线图

从这些图像中可以看出来，对于参数 α 和 γ 来说，PSO-EB 和 QN-EB 这两种方法是优秀的，对于参数 c 的估计，PSO-EB 和 GA-EB 是比较有竞争力的。在参数 α 和 γ 的估计中，比 GA-EB 方法比 PSO-EB 和 QN-EB 过高地估计了参数值。总的来说，本章建议采用 PSO-EB 来估计 α，γ 和 c 作为插值参数。

考虑样本为 $N=200$；$c_a=1$，$c_r=2$，$c_s=0.25$，$c_\tau=2$；计划时间为 1.16 月（约 35 天）。假设希望验收抽样的样本数小于或最多 20%，因此 $n \leqslant 40$。$n=50$ 和 $m=35$ 型 II 设限的，进行参数估计的历史数据见表 5.7。

表 5.7　油井抽油泵寿命（单位：a）

0.2485112	0.3138114	0.5090689	0.5474744	0.5827688	0.6922367	0.7637536
0.8158149	0.9079659	1.1589128	1.1680055	1.4210294	1.4760271	1.5010445
1.5613676	1.6523304	1.6596611	1.7933837	1.8800606	1.9392068	1.9402131
1.9838202	2.0004046	2.0095578	2.0487647	2.0963134	2.3758372	2.4776542
2.5847513	2.6100296	2.6634408	2.9456407	3.0060139	3.2647654	3.2842218

基于采用 PSO-EB 估计得到 $\widehat{\alpha}=2.5116$，$\widehat{\gamma}=3.287$，$\widehat{c}=1.9727$ 作为插值参数，可以获得了 EB 抽样 $(n^*, r_c^*, \tau)=(27, 17, 1.16)$。最优抽样方案表示从提交的批次中，随机抽取的 27 台抽油泵的样本值。如果 17 台或更少的失效在一个月内发生，则该批次被接受，否则该批次被拒绝。

为了研究元件花费在最优采样方案上的效果，进行了灵敏度分析，设计如下四种情况（选择 $c_\tau=2$，$w_1=1.1625$ 和 $w_2=2.1067$）：

Ⅰ，$c_a=1$，$c_r=2$，$c_s=0.25$；

Ⅱ，$c_a=1$，$c_r=2$，$c_s=0.5$；

Ⅲ，$c_a=2$，$c_r=2$，$c_s=0.5$；

Ⅳ，$c_a=1$，$c_r=1$，$c_s=0.5$。

设 PSI(i) 定义为后验总成本，$i=$ Ⅰ，Ⅱ，Ⅲ，Ⅳ。最优抽样方案见表 5.8。表 5.8 的结果表明固定 c_a 和 c_r，增加成本 c_s 最优抽样计划的测试单元将减少。在这里减少 c_s 将增加最佳抽样的样本数量，减少后验总成本。表 5.8 中的设计 Ⅱ 和设计 Ⅵ 表明：当 c_a 和 c_s 固定，降低 c_r 对最优抽样计划的样本数量影响很小。相比之下，会增加后验总成本。在表 5.8 中的设计 Ⅱ 和 Ⅲ 的结果表明，当 c_r 和 c_s 固定的时候，增加外部失效 c_a 的单位验收成本将会增加最优抽样方案的样本量，增加后验总成本。后验总成本的增加可以归因于所考虑的更高的保修成本。总的来说，可以发现增加成本 c_a 比增加成本 c_r 或 c_s 导致后验总成本增加是最明显的。

表 5.8　针对不同组件的敏感度分析

设计 $i=$(Ⅰ，Ⅱ，Ⅲ，Ⅳ)	n^*	r_c^*	PSI(i)/PSI(Ⅰ)
Ⅰ ($c_a=1$，$c_r=2$，$c_s=0.25$)	27	17	1
Ⅱ ($c_a=1$，$c_r=2$，$c_s=0.5$)	6	4	0.96
Ⅲ ($c_a=2$，$c_r=2$，$c_s=0.5$)	21	16	2.08
Ⅳ ($c_a=1$，$c_r=1$，$c_s=0.5$)	6	4	1.20

在这一部分，比较提出的 EB 抽样方法的性能。由于所提出的抽样计划是为了获得具有保证的最小后验总成本函数，因此在性能比较研究中，考虑具有保证的相关贝叶斯抽样计划方法。Tsai 等在 2015 年提出的具有保证的贝叶斯抽样计划方法作为与该方法进行并行比较。其中的贝叶斯抽样计划研究了广义指数分布，累积分布函数如式 (5.27)。GED 是另一种被广泛用于描述产品寿命的分布。

$$F(t \mid \kappa_1, \kappa_2) = (1 - e^{-\kappa_2 t})^{\kappa_1} \qquad t > 0 \qquad (5.27)$$

采用 Tsai 提出的方法，定义最优贝叶斯抽样计化为 ($n^{*\,\text{GE}}$，$r_c^{*\,\text{GE}}$，τ)，κ_1 和 κ_2 的先验分布为伽马分布。在前面部分的油田抽油泵数据分析中，最大似然函数是基于型 Ⅱ 设限资料的。最大似然结果为 $\widehat{\kappa_1} =$

3.143，$\widehat{\kappa}_2 = 1.040$，获得最优贝叶斯抽样计划$(n^{*\text{GE}}, r_c^{*\text{GE}}, \tau) = (8, 4, 1.16)$。

比较所提交批次的产品质量，小样本量$n^{*\text{GE}} = 8$的 GED 与提出的 EB 抽样计划(n^*, r_c^*, τ)当$n^* = 27$。但是基于抽样计划$(n^{*\text{GE}}, r_c^{*\text{GE}}, \tau)$的总费用是基于抽样计划$(n^*, r_c^*, \tau)$的 1.036 倍。考虑了保修成本、验收成本、拒收成本和抽样成本，构造了总成本函数，利用 EB 法得到了最优的抽样方案。样本容量并不是获得最小后验总成本函数的最优抽样方案的唯一条件。结果表明，所提出 EB 抽样方案在经济评价方面优于其他方法。

5.4　模型扩展

5.4.1　粒子群算法基本原理

粒子群算法（particle swarm optimization，PSO）最早的工作可以追溯到 1987 年 Reynolds 对鸟群社会系统 Boids（Reynolds 对其仿真鸟群系统的命名）的仿真研究 。由 Eberhart 博士和 Kennedy 博士提出，应用于连续空间的优化计算中。它是源于群智能和人类认知的学习过程而发展的另外一种智能优化算法。粒子群算法简单，易于实现，无需梯度信息，特别是因为其天然的实数编码特点适合于处理实优化问题。近年来也成为国际上智能优化领域研究的热门。

粒子群优化算法（PSO）是一种进化计算技术，Kennedy 和 Eberhart 在 Boids 中加入了一个特定点，定义为食物，每只鸟根据周围鸟的觅食行为来搜寻食物。两位作者的初衷是希望模拟研究鸟群觅食行为，但试验结果却显示这个仿真模型蕴含着很强的优化能力，尤其是在多维空间中的寻优。最初仿真的时候，每只鸟在计算机屏幕上显示为一个点，而"点"在数学领域具有多种意义，于是作者用"粒子（particle）"来称呼每个个体，这样就产生了基本的粒子群优化算法。粒子群算法与其他智能算法相似，也是基于群体的搜索技术。在整个寻优过程中，每个粒子的适应值取决于所选择的优化函数的值，并且每个粒子都具有以下几类信息：粒子当前位置；粒子历史最优位置；整个群体中所有粒子发现的最优位置。在搜索空间中，粒子以一定的速度和方向飞行，并通过群体间的信息共享和个体自身经验的总结来不断修正个体的行为策略，从而使整体逐渐"飞行"到最佳区域。

假设在一个 D 维搜索空间中，有 m 个粒子组成一粒子群，其中第 i 个粒子的空间位置为 $X_i = (x_{i1}, x_{i2}, x_{i3}, \cdots, x_{iD})(i = 1, 2, \cdots, m)$，它是优化问题的一个潜在解，将它带入优化目标函数可以计算出其相应的适应值，根据适应值可衡量 x_i 的优劣；第 i 个粒子所经历的最好位置称为其个体历史最好位置，记为 $P_i = (P_{i1}, P_{i2}, P_{i3}, \cdots, P_{iD})(i = 1, 2, \cdots, m)$，相应地适应值为个体最好适应值 F_i；同时，每个粒子还具有各自的飞行速度 $V_i = (v_{i1}, v_{i2}, v_{i3}, \cdots, v_{iD})(i = 1, 2, \cdots, m)$。所有粒子经历过的位置中的最好位置称为全局历史最好位置，记为 $P_g = (P_{g1}, P_{g2}, P_{g3}, \cdots, P_{gD})$，相应地适应值为全局历史最优适应值。在基本 PSO 算法中，对第 n 代粒子，其第 d 维 $1 \leqslant d \leqslant D$ 元素速度、位置更新迭代为：

$$v_{id}^{n+1} = \omega \times v_{id}^n + c_1 \times r_1 \times (p_{id}^n - x_{id}^n) + c_2 \times r_2 \times (p_{gd}^n - x_{id}^n) \quad (5.28)$$

$$x_{id}^{n+1} = x_{id}^n + v_{id}^n \quad (5.29)$$

其中：ω 为惯性权值；c_1 和 c_2 都为正常数，称为加速系数；r_1 和 r_2 是两个在 $[0, 1]$ 范围内变化的随机数。第 d 维粒子元素的位置变化范围和速度变化范围分别限制为 $[X_{d,\min}, X_{d,\max}]$ 和 $[V_{d,\min}, V_{d,\max}]$。迭代过程中，若某一维粒子元素的 X_{id} 或 V_{id} 超出边界值则令其等于边界值。

PSO 算法步骤：

第 1 步，初始化所有粒子，在允许范围内随机设置粒子的初始位置和速度；

第 2 步，计算每个粒子的适应值；

第 3 步，对每个粒子，将其适应值与所经历过的最好位置的适应值进行比较，如果更好，则将其作为粒子的个体历史最优值，用当前位置更新个体历史最好位置；

第 4 步，对每个粒子，将其历史最优适应值与群体内所经历的最好位置的适应值进行比较，若更好，则将其作为当前的全局最好位置；

第 5 步，根据粒子群速度和位置更新方程来调整粒子的速度和位置；

第 6 步，检查终止条件，通常为达到最大迭代次数或者足够好的适应值或最优解停滞不再变化，若满足上述条件之一，终止迭代，否则返回第 2 步。

对于终止条件，通常可以设置为适应值误差达到预设要求，或迭代次数超过最大允许迭代次数。基本的连续 PSO 算法中，其主要参数，即惯性权值、加速系数、种群规模和迭代次数对算法的性能均有不同程度的影响。

5.4.2　型 I 设限下 3pBurr-XII 加速模型

5.4.2.1　型 I 设限下 3pBurr-XII 分布

3pBurr-XII 分布的概率密度函数（PDF）和分布函数（CDF）的参数为 $\theta = (c, k, \alpha)$，记为 BXIID(c, k, α)，分别为：

$$f(x \mid \theta) = \frac{ck}{\alpha}\left(\frac{x}{\alpha}\right)^{c-1}\left[1 + \left(\frac{x}{\alpha}\right)^{c}\right]^{-(k+1)} \tag{5.30}$$

和

$$F(x \mid \theta) = 1 - \left[1 + \left(\frac{x}{\alpha} \right)^c \right]^{-k} \qquad c, \ k, \ \alpha, \ x > 0 \qquad (5.31)$$

在这里 c 为内部参数，k 为外部参数，α 为形状参数。3pBurr-XII的存活函数和失效率函数分别为：

$$S(x \mid \theta) = \left[1 + \left(\frac{x}{\alpha} \right)^c \right]^{-k} \qquad (5.32)$$

和

$$h(x \mid \theta) = \frac{ck}{\alpha} \left(\frac{x}{\alpha} \right)^{c-1} \left[1 + \left(\frac{x}{\alpha} \right)^c \right]^{-1} \qquad (5.33)$$

5.4.2.2　3pBurr-XII分布型 I 设限下抽样模型[12]

假设实验在 m 个压力 s 水平下执行，每种水平下有 n 个样本。如果 x_{ij} 定义为在压力为 s_i，时刻 j^{th} 下获得的失效时间，在这里 $i = 1, \cdots, m$，$j = 1, \cdots, n$。

参数说明：

(1) m 个应力水平，$i = 1, \cdots, m$；

(2) 型 I 设限时间 T；

(3) 每个水平下失效 r_i 个样本，存活 $n - r_i$；

(4) 设：$c = c$，$k = a_0 + a_1 s$，$\alpha = b_0 + b_1 s + b_2 s^2$。

则在不同压力 s_i 下表现形式为：

$$c = c \qquad (5.34)$$

$$k_i = a_0 + a_1 s_i \qquad (5.35)$$

$$\alpha_i = b_0 + b_1 s_i + b_2 s_i^2 \qquad (5.36)$$

(5) 参数集合：

$$\theta = \theta(c, \ a_0, \ a_1, \ b_0, \ b_1, \ b_2) \qquad (5.37)$$

似然函数为：

$$(\theta \mid X) = \prod_{i=1}^{m} \prod_{j=1}^{r_i} f(x_{ij} \mid \theta) \prod_{i=1}^{m} S(T \mid \theta)^{(n-r_i)} \qquad (5.38)$$

代入表达式为：

$$L(\theta \mid X) = \prod_{i=1}^{m} \prod_{j=1}^{r_i} \frac{ck}{\alpha} \left(\frac{x_{ij}}{\alpha}\right)^{c-1} \left[1 + \left(\frac{x_{ij}}{\alpha}\right)^{c}\right]^{-(k+1)} \prod_{i=1}^{m} \left[1 + \left(\frac{T}{\alpha}\right)^{c}\right]^{-k(n-r_i)}$$

$$= \prod_{i=1}^{m} \prod_{j=1}^{r_i} \frac{ck}{\alpha^{c}} x_{ij}^{c-1} \left[1 + \left(\frac{x_{ij}}{\alpha}\right)^{c}\right]^{-(k+1)} \prod_{i=1}^{m} \left[1 + \left(\frac{T}{\alpha}\right)^{c}\right]^{-k(n-r_i)}$$

$$(5.39)$$

化简为：

$$L(\theta \mid X) = \frac{c^{\sum_1^m r_i} \prod_{i=1}^{m} k(s)^{r_i}}{\prod_{i=1}^{m} \alpha(s)^{cr_i}} \prod_{i=1}^{m} \prod_{j=1}^{r_i} x_{ij}^{c-1} \prod_{i=1}^{m} \prod_{j=1}^{r_i} \left[1 + \left(\frac{x_{ij}}{\alpha(s)}\right)^{c}\right]^{-(k(s)+1)}$$

$$\cdot \prod_{i=1}^{m} \left[1 + \left(\frac{T}{\alpha(s)}\right)^{c}\right]^{-k(s)(n-r_i)}$$

$$(5.40)$$

对数似然函数为：

$$l(\theta) = \sum_{i=1}^{m} r_i \lg c + \sum_{i=1}^{m} r_i \lg k(s) - \sum_{i=1}^{m} cr_i \lg \alpha(s) +$$

$$\sum_{i=1}^{m} \sum_{j=1}^{r_i} (c-1) \lg x_{ij} - \sum_{i=1}^{m} \sum_{j=1}^{r_i} (k(s)+1) \lg\left[1 + \left(\frac{x_{ij}}{\alpha(s)}\right)^{c}\right] -$$

$$\sum_{i=1}^{m} k(s)(n-r_i) \lg\left[1 + \left(\frac{T}{\alpha(s)}\right)^{c}\right]$$

$$(5.41)$$

代入不同压力 s_i 下表现形式为：

$$c = c, \quad k = a_0 + a_1 s_i, \quad \alpha = b_0 + b_1 s_i + b_2 s_i^2$$

对数似然函数为：

$$l(\theta) = \sum_{i=1}^{m} r_i \lg c + \sum_{i=1}^{m} r_i \lg(a_0 + a_1 s_i) - \sum_{i=1}^{m} cr_i \lg(b_0 + b_1 s_i + b_2 s_i^2) +$$

$$\sum_{i=1}^{m} \sum_{j=1}^{r_i} (c-1) \lg x_{ij} - \sum_{i=1}^{m} \sum_{j=1}^{r_i} (a_0 + a_1 s_i + 1) \lg\left[1 + \left(\frac{x_{ij}}{b_0 + b_1 s_i + b_2 s_i^2}\right)^{c}\right]$$

$$- \sum_{i=1}^{m} (a_0 + a_1 s_i)(n - r_i)\lg\left[1 + \left(\frac{T}{b_0 + b_1 s_i + b_2 s_i^2}\right)^c\right] \qquad (5.42)$$

5.4.2.3　粒子群算法(PSO)参数求解

令

$$\partial l(\theta)/\partial c = 0, \quad \partial l(\theta)/\partial a_0 = 0, \quad \partial l(\theta)/\partial a_1 = 0, \quad \partial l(\theta)/\partial b_0 = 0, \quad \partial l(\theta)/\partial b_1 = 0, \quad \partial l(\theta)/\partial b_2 = 0$$

则

$$\partial l(\theta)/\partial c = \frac{\sum_{i=1}^{m} r_i}{c} - \sum_{i=1}^{m} r_i \lg(b_0 + b_1 s_i + b_2 s_i^2) +$$

$$\sum_{i=1}^{m} \sum_{j=1}^{r_i} \lg x_{ij} \sum_{i=1}^{m} \sum_{j=1}^{r_i} \frac{(a_0 + a_1 s_i + 1)x_{ij}^c}{(b_0 + b_1 s_i + b_2 s_i^2)^c + x_{ij}^c} \lg\left(\frac{x_{ij}}{b_0 + b_1 s_i + b_2 s_i^2}\right) -$$

$$\sum_{i=1}^{m} \sum_{j=1}^{r_i} \frac{(n - r_i)(a_0 + a_1 s_i) T^c}{(b_0 + b_1 s_i + b_2 s_i^2)^c + T^c} \lg\left(\frac{T}{b_0 + b_1 s_i + b_2 s_i^2}\right) \qquad (5.43)$$

$$\partial l(\theta)/\partial a_0 = \sum_{i=1}^{m} \frac{r_i}{a_0 + a_1 s_i} - \sum_{i=1}^{m} \sum_{j=1}^{r_i} \lg\left[1 + \left(\frac{x_{ij}}{b_0 + b_1 s_i + b_2 s_i^2}\right)^c\right]$$

$$\sum_{i=1}^{m} (n - r_i)\lg\left[1 + \left(\frac{T}{b_0 + b_1 s_i + b_2 s_i^2}\right)^c\right] \qquad (5.44)$$

$$\partial l(\theta)/\partial a_1 = \sum_{i=1}^{m} \frac{r_i s_i}{a_0 + a_1 s_i} - \sum_{i=1}^{m} \sum_{j=1}^{r_i} s_i \lg\left[1 + \left(\frac{x_{ij}}{b_0 + b_1 s_i + b_2 s_i^2}\right)^c\right] -$$

$$\sum_{i=1}^{m} s_i(n - r_i)\lg\left[1 + \left(\frac{T}{b_0 + b_1 s_i + b_2 s_i^2}\right)^c\right] \qquad (5.45)$$

$$\partial l(\theta)/\partial b_0 = -\sum_{i=1}^{m} \frac{cr_i}{b_0 + b_1 s_i + b_2 s_i^2} +$$

$$\sum_{i=1}^{m} \sum_{j=1}^{r_i} \frac{c(a_0 + a_1 s_i + 1) x_{ij}^c}{[(b_0 + b_1 s_i + b_2 s_i^2)^c + x_{ij}^c](b_0 + b_1 s_i + b_2 s_i^2)} +$$

$$\sum_{i=1}^{m} \sum_{j=1}^{r_i} \frac{c(n-r_i)(a_0 + a_1 s_i) T^c}{[(b_0 + b_1 s_i + b_2 s_i^2)^c + T^c](b_0 + b_1 s_i + b_2 s_i^2)}$$

$$(5.46)$$

$$\partial l(\theta) / \partial b_1 = -\sum_{i=1}^{m} \frac{c s_i r_i}{b_0 + b_1 s_i + b_2 s_i^2} +$$

$$\sum_{i=1}^{m} \sum_{j=1}^{r_i} \frac{c s_i (a_0 + a_1 s_i + 1) x_{ij}^c}{((b_0 + b_1 s_i + b_2 s_i^2)^c + x_{ij}^c)(b_0 + b_1 s_i + b_2 s_i^2)} +$$

$$\sum_{i=1}^{m} \sum_{j=1}^{r_i} \frac{c s_i (n - r_i)(a_0 + a_1 s_i) T^c}{[(b_0 + b_1 s_i + b_2 s_i^2)^c + T^c](b_0 + b_1 s_i + b_2 s_i^2)}$$

$$(5.47)$$

$$\partial l(\theta) / \partial b_2 = -\sum_{i=1}^{m} \frac{c s_i^2 r_i}{b_0 + b_1 s_i + b_2 s_i^2} +$$

$$\sum_{i=1}^{m} \sum_{j=1}^{r_i} \frac{c s_i^2 (a_0 + a_1 s_i + 1) x_{ij}^c}{[(b_0 + b_1 s_i + b_2 s_i^2)^c + x_{ij}^c](b_0 + b_1 s_i + b_2 s_i^2)} +$$

$$\sum_{i=1}^{m} \sum_{j=1}^{r_i} \frac{c s_i^2 (n - r_i)(a_0 + a_1 s_i) T^c}{[(b_0 + b_1 s_i + b_2 s_i^2)^c + T^c](b_0 + b_1 s_i + b_2 s_i^2)}$$

$$(5.48)$$

因为上述方程非常复杂，这就导致获得 $\widehat{c}$，$\widehat{a_0}$，$\widehat{a_1}$，$\widehat{b_0}$，$\widehat{b_1}$，$\widehat{b_2}$ 最大似然估计值的估计非常困难。解决似然方程 $\partial l(\theta)/\partial c = 0$，$\partial l(\theta)/\partial a_0 = 0$，$\partial l(\theta)/\partial a_1 = 0$，$\partial l(\theta)/\partial b_0 = 0$，$\partial l(\theta)/\partial b_1 = 0$，$\partial l(\theta)/\partial b_2 = 0$ 六个非线性的方程，可考虑采用梯度计算方法，例如牛顿法。但是当采用梯度计算方法的时候，需要有一组非常好的模型参数的初始解才能获取满意的参数估计结果。在本章里有 6 个参数需要研究，那么对于研究者获取 6 个初始值是非常困难的。因此，基于最大似然函数的梯度法估计可能会导致真实值有很高的偏差和很大的均方误差，因此考虑 PSO 算法。

PSO 通常可以由下面 4 个步骤执行：

（1）判断每一个粒子是否健康；

（2）更新个体和总体变的更好；

（3）更新每一个粒子的速度和位置；

（4）更新第一步到第三步一直到特殊的停止条件达到。

R 软件的代码源，是一种免费的统计软件，可实现方程目标函数的最大似然估计的 PSO 算法。对于特殊的目标函数，可采用 R 软件包中的"PSO"包获得方程的最大似然估计值。将要执行获得参数的过程在下一部分。

5.4.3 仿真模拟及性能比较

令 $s_0' < s_1' < s_2' < \cdots < s_m'$ 表示压力水平，在这里 s_0' 表示正常压力水平，s_m' 表示最高的压力水平。针对所有压力水平进行标准化 $s_i = (s_i' - s_0'/s_m' - s_0')$，$i = 1$，2，$\cdots$，$m$，可以获得标准压力水平 $s_0 = 0$，$0 < s_i < 1$，$i = 1$，2，$\cdots$，$m-1$，$s_m = 1$，本章中只选择两种压力水平状态进行仿真设计，采用最低水平和最高水平来执行加速实验，因此在本章中 $m = 2$，即 $s_0 = 0$，$0 < s_1 < 1$，$s_2 = 1$。

在仿真结果里，考虑参数设定，当 $m = 2$，$s_1 = 0.45$，$s_2 = 1$ 时，3pBurr-XⅡ(Θ) 的参数集设定为：$c = 8$，$a_0 = 3$，$a_1 = 4$，$b_0 = 20$，$b_1 = -7$，$b_2 = -2.5$，针对每一个压力水平，取 $n = 30$ 用于来执行加速实验，终止时间设为为 $T_i = \min(9, x_{in})$。在这里基于加速型Ⅰ设限方案，一共是 6 个参数的估计。

首先从参数集 $c = 8$，$a_0 = 3$，$a_1 = 4$，$b_0 = 20$，$b_1 = -7$，$b_2 = -2.5$ 的 3pBurr-XⅡ(Θ) 中随机产生 2000 组加速样本，其次利用这些样本来获得参数的最大似然估计值，通过 PSO 求解目标函数，最后采用偏差和均方值来评估参数的性能。

令

$$\delta(\widehat{\theta}) = \frac{\text{Bias}(\widehat{\theta})}{|\theta|} \qquad (5.49)$$

$$\eta(\widehat{\theta}) = \frac{\sqrt{\text{MSE}(\widehat{\theta})}}{|\theta|} \qquad (5.50)$$

在这里，$\delta(\widehat{\theta})$ 是估计值 $\widehat{\theta}$ 相对真实的参数值偏差的校对测量，$\eta(\widehat{\theta})$ 是估计值 $\widehat{\theta}$ 相对真实的参数分散性的校对测量。通过 $\delta(\widehat{\theta})$，$\eta(\widehat{\theta})$ 的结果分析，用以判断模型参数估计结果的性能。

在本章的参数估计结果表示为 $\widehat{c}$，$\widehat{a_0}$，$\widehat{a_1}$，$\widehat{b_0}$，$\widehat{b_1}$，$\widehat{b_2}$。设 $\widehat{\theta} = \{\widehat{c}, \widehat{a_0}, \widehat{a_1}, \widehat{b_0}, \widehat{b_1}, \widehat{b_2}\}$。如果 $\delta(\widehat{\theta})$ 和 $\eta(\widehat{\theta})$ 的值较小，则说明 $\widehat{\theta}$ 的估计质量很好。因为事先并不能明确各个参数的分布域，缩小寻找参数的范围是困难的。因此寻找 PSO-MLEs 的参数域采用较宽的范围。考虑 $D(\Theta)$ 的搜索范围为：

$$\{(c, a_0, a_1, b_0, b_1, b_2) \mid 5 \leqslant c \leqslant 15,$$
$$1 \leqslant a_0, a_1 \leqslant 8, 5 \leqslant b_0 \leqslant 50, -10 \leqslant b_1 \leqslant -1, -5 \leqslant b_2 \leqslant -1)\}$$

为参数的初始域。仿真次数为 20000 次，从仿真结果中，可以发现 PSO 是可以获得可靠的 MLEs。用于执行 PSO 过程，采用开源软件 R 软件包中的"PSO"包获得。所有的仿真结果 $\delta(\widehat{\theta})$，$\eta(\widehat{\theta})$ 的值列于表 5.9。

表 5.9 基于 20000 次仿真的 $\delta(\widehat{\theta})$ 和 $\eta(\widehat{\theta})$

参数	$\widehat{c}$	$\widehat{a_0}$	$\widehat{a_1}$	$\widehat{b_0}$	$\widehat{b_1}$	$\widehat{b_2}$
平均值	6.6753	3.0903	3.4028	18.3436	−7.0585	−3.7062
$\delta(\widehat{\theta})$	−0.1656	0.0301	−0.1493	−0.0828	−0.0084	−0.4825
$\eta(\widehat{\theta})$	0.2312	0.4820	0.3928	0.1484	0.2970	0.5901

从表 5.9 中可以发现，c，a_0，a_1，b_0，b_1，b_2 的 PSO-MLEs 的估计值具有较小偏差和均方差，从 $\delta(\widehat{\theta})$，$\eta(\widehat{\theta})$ 结果中可以发现，c 和 a_1 的 PSO-MLEs 相对偏低。b_2 的 PSO-MLEs 非常偏低，除此之外 PSO-

MLEs 的 MSEs 相对很小。

6 个参数的 2000 次 MLEs 的密度图如图 5.5 所示，其中虚线表示真实的参数值。从图形上可以看出，$\hat{c}$，$\hat{b_0}$，$\hat{b_1}$ 的密度函数图像是单峰的，$\hat{a_1}$ 密度图像的顶部是比较宽泛的，而参数 $\hat{a_0}$，$\hat{b_2}$ 是渐近单峰的。因为密度函数是具有 6 个参数，因此获得可靠的似然估计是非常困难的，不能给出所有参数适当的域。在仿真研究中，即使工作范围很大，可以发现 PSO 的性能仍然是稳定的，除了 $\hat{b_2}$ 以外，均可以获得可靠的模型参数。

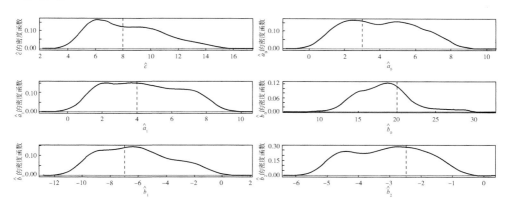

图 5.5　PSO-MLEs 的密度图

对于两种算法的并行比较，考虑比之前的参数域 $D(\Theta)$ 更窄的域，使得两个方法 DE 和 PSO 都能获得加速模型 ALT 模型参数的 MLEs，即 DE-MLEs 和 PSO-MLEs。令 $(\theta_1, \theta_2, \theta_3, \theta_4, \theta_5) = (c, a_0, a_1, b_0, b_1, b_2)$，考虑 θ_i 的范围在 $\theta_i - 3.5 < \theta_i < \theta_i + 3.5$，其中 $i = 1, \cdots, 6$。DE-MLEs 和 PSO-MLEs 的平均估计值 $\delta(\hat{\theta})$ 和 $\eta(\hat{\theta})$ 评价是基于 10000 仿真结果。

图 5.6 中显示了所有仿真结果的箱线图。对于每一对箱线图中，左侧均为 PSO-MLEs 的箱线图，右侧均为 DE-MLEs 的箱线图。图中的虚线表示真实的参数值。从 6 个箱线图中，很明显的可以发现 DE-

MLEs 严重的低估了真实的参数，表现比 PSO-MLEs 差，而 PSO-MLEs 的估计相对比较稳定，包含了真实的参数值。

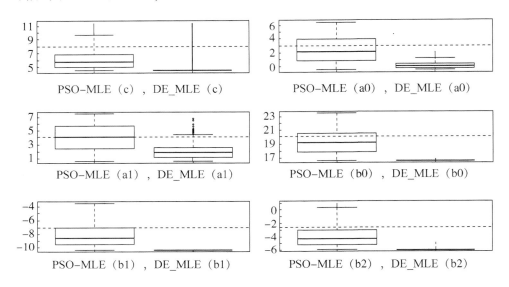

图 5.6 PSO-MLEs 和 DE-MLEs 的箱线图

抽油泵是采油系统中最重要的起重设备之一。正常情况下，抽油泵在运行过程中，在循环加载、液体腐蚀和砂粒磨损的作用下，随着时间的推移导致磨损，由疲劳断裂或磨损泄漏引起失效，是发生故障最多的设备。根据某区块 2013 年至 2018 年查井史和油井检泵作业记录数据统计，在水驱的故障失效率为 52.31%，在聚合物驱的故障失效率为 41.95%，三元驱的故障失效率为 58.79%。因此做好抽油泵的可靠性分析对油田企业的经济效益至关重要。如何保证设备稳定可靠运行，做好预防维护减小故障发生概率，将设备的故障消除在发生前，在故障潜伏期进行预防维护，减少设备停运时间，提高设备工作效率。虽然对设备进行预防维护会增加企业成本，但是对于机采井这类耗损型设备发生故障后常会导致严重后果，给国家和企业带来的损失会更大。

本章共选取了 $n = 138$ 口油井泵，观察到 $m = 124$ 口抽油泵出现故障。使用 R 软件包中的"ad. test"执行 Anderson–Darling 测试。得到 Anderson–Darling 检验统计量的值为 0. 4431，p 值为 0. 2824。测试结果表明，3pBurr-XII（$c = 1.982$，$k = 5.313$，$\beta = 5.694$）是一个良好的模型拟合油井泵的寿命。考虑 3pBurr-XII20% 和 50% 百分位数，分别为记为 w_1 和 w_2，得出 $w_1 = 1.1625$ 和 $w_2 = 2.1067$。基于采用 PSO-EB 估计得到 $\hat{\alpha} = 2.5116$，$\hat{\gamma} = 3.287$，$\hat{c} = 1.9727$ 作为插值参数，可以获得了 EB 抽样 $(n^*，r_c^*，\tau) = (27，17，1.16)$。最优抽样方案表示从提交的批次中，随机抽取的 27 台抽油泵的样本值。在有效时间内，如果 17 台或更少的失效在一个月内发生，则抽油泵工作正常，否则应当采取进一步措施。为了研究最优采样方案上的效果，进行了灵敏度分析。

本章理论上使用的假设比 Chiang 等提出的假设要少，并对尺度参数未知的情况扩展了他们的抽样方法。由于使用 EB 方法搜索最优采样方案，因此不需要在贝叶斯模型中精确分配未知参数，所有未知参数都可以通过本文提出的 EB 方法利用历史数据进行估计。当抽油泵的寿命服从 3pBXII，在经验贝叶斯过程中，采用牛顿–拉普森方法以及进化算法粒子群算法和遗传算法分别获得了模型参数的可靠性估计。获得的估计分别定义为 QN-EB，PSO-EB，GA-EB。蒙特卡罗仿真结果表明，在均方差（MSE）和偏差（Bias）两个评价指标上，PSO-EB 方法优于 GA-EB 方法和 QN-EB 方法。

在实际应用上，由于抽油泵因其结构复杂，导致失效原因较多，如何结合实际工作环境、考虑元件失效原因的权重、结合统计分析方法，比较精准的预判具体工作环境下抽油泵的失效部位一直是油田研究的重要问题。

参 考 文 献

[1] 曹晋华. 可靠性数学引论[M]. 北京：科学出版社, 1986.

[2] 茆诗松, 汤银才, 王玲玲. 可靠性统计[M]. 北京：高等教育出版社, 2008.

[3] 陆廷孝, 郑鹏州. 可靠性设计与分析[M]. 北京：国防工业出版社, 2011.

[4] 王超. 机械可靠性工程[M]. 北京：冶金工业出版社, 1992.

[5] 郭永基. 可靠性工程原理[M]. 北京：清华大学出版社, 2002.

[6] Elsayed E A. Reliability engineering [M]. New York：Data McGraw, 2005.

[7] 陈涛平, 胡靖邦. 石油工程[M]. 北京：石油工业出版社, 2000.

[8] Zhu J, Xin H, Sun J, et al. Parameter estimation for Burr type XII distribution with differential evolution and quasi-newton approaches based on progressively type I interval censored samples. ICIC Express Letters B, 2017, 8(9)：1299-1306.

[9] Xin H, Zhu J, Sun J, et al. Reliability inference based on the Three-Parameter Burr Type XII distribution with Type II censoring[J]. International Journal of Reliability, Quality and Safety Engineering, 2018, 25(02)：1850010.

[10] Xin H, Zhu J, Tsai T R. Differential evolution and genetic algorithm methods for parameter estimation of the generalized half normal distribution with hybrid censoring. ICIC Express Letters, 2018, 12(6)：519-527.

[11] Tsai T R, Jiang N, Lio Y L. Economic design of the life test with a warranty policy[J]. Journal of Industrial and Production Engineering, 2015, 32 (4)：225-231.

[12] Xin H, Zhu J, Tsai T R. Parameter estimation for the three-parameter Burr-XII distribution under accelerated life testing with type I censoring using particle swarm optimization algorithm[J]. International Journal of Innovative Computing, Information and Control, 2018, 14(5)：1959-1968.